Ուսուցում

Eureka Math®
Դասարան 1
Մոդուլ 4 և 5

Great Minds PBC is the creator of Eureka Math®,
Wit & Wisdom®, Alexandria PlanTM, and PhD ScienceTM.

Published by Great Minds PBC. greatminds.org

Copyright © 2020 Great Minds PBC. All rights reserved. No part of this work may be reproduced or used in any form or by any means—graphic, electronic, or mechanical, including photocopying or information storage and retrieval systems—without written permission from the copyright holder.

ISBN 978-1-64929-159-2

1 2 3 4 5 6 7 8 9 10 XXX 25 24 23 22 21 20

Printed in the USA

Ուսուցում • Պրակտիկա • Արդյունք

«Eureka Math»-ի® «A Story of Units»® աշակերտների համար նյութերը (K–5) հասանելի են Ուսուցում, Պրակտիկա, Արդյունք եռյակում: Այս շարքը ապահովում է նյութերի բազմազանությունը և փոփոխումը՝ միաժամանակ դրանք կանոնակարգված և մատչելի թողնելով: *Ուսուցիչները կբացահայտեն, որ «Ուսուցում, Պրակտիկա և Արդյունք» շարքը առաջարկում է նաև համապարփակ և, հետևաբար, ավելի արդյունավետ եղանակ՝ անհատական մոտեցման ցուցաբերման, լրացուցիչ աշխատանքների և ամառային ուսուցման կազմակերպման համար:*

Ուսուցում

Eureka Math-ի «Ուսուցում» բաժինը ծառայում է աշակերտին որպես ուսումնական ուղեցույց, որտեղ նրանք ներկայացնում են այն, ինչ մտածում են և գիտեն, և ամեն օր զարգացնում են իրենց գիտելիքները: «Ուսուցում» բաժնում ներառված ամենօրյա դասարանային աշխատանքները՝ գործնական խնդիրները, գնահատման թերթիկներ, խնդիրները, ձևանմուշները, ներկայացված են դյուրահաս ձևով և ծավալով:

Պրակտիկա

Յուրաքանչյուր «*Eureka Math*»-*ի դաս* սկսվում է մի շարք ակտիվ, իմացության ստուգման ուրախ վարժություններով՝ այդ թվում *Eureka Math-ի «Պրակտիկա» բաժնում ներառվածները:* Այն աշակերտները, ովքեր ավելի շատ գիտելիքներ ունեն մաթեմատիկայից, կարող են ավելի շատ նյութ յուրացնել առավել խորությամբ: «Պրակտիկա» *բաժնում* աշակերտները զարգացնում են նոր ձեռք բերված գիտելիքի կիրառման հմտությունները և ամրապնդում են նախորդ դասը՝ նախապատրաստվելով հաջորդին:

«Ուսուցում» *և* «Պրակտիկա»*բաժինները* միասին աշակերտներին տրամադրում են տպագիր բոլոր նյութերը, որոնք նրանք կօգտագործեն մաթեմատիկայի հիմնական դասընթացի համար:

Արդյունք

Eureka Math-ի «Արդյունք» բաժինը աշակերտներին հնարավորություն է տալիս ինքնուրույն վարպետանալ: Լրացուցիչ խնդիրները համահունչ են դասի նյութին և հարմար են որպես տնային կամ լրացուցիչ աշխատանք հանձնարարելու համար: Խնդիրներն ուղեկցվում են «Տնային աշխատանքի օգնականով», որն իրենից ներկայացնում է խնդիրների լուծման օրինակներ՝ ցույց տալով, թե ինչպես պետք է լուծել նմանատիպ խնդիրները:

Ուսուցիչներն ու դասավանդողները կարող են օգտագործել նախորդ մակարդակների *«Արդյունք» բաժնի* դասագիրքը՝ որպես ուսուցման ծրագրի մաս՝ հիմնարար գիտելիքների բացը լրացնելու համար: Աշակերտներն ավելի արագ կընկալեն ու կյուրացնեն, քանի որ ծանոթ նյութի կրկնությունը դյուրացնում է ընթացիկ մակարդակի բովանդակության կապի ստեղծումը նախորդի հետ:

EUREKA MATH®

Աշակերտներ, ընտանիքներ և դասավանդողներ.

Շնորհակալություն *Eureka Math®* թիմի անդամ դառնալու համար. այստեղ մենք վայելում ենք մաթեմատիկայի պարզված ուրախությունը, բերկրանքը և սուր զգացմունքները:

Eureka Math-ի *դասին նոր* նյութը յուրացվում է մեծ քանակությամբ գործնական աշխատանքների և մտքերի փոխանակման արդյունքում: *«Ուսուցում»* գիրքը յուրաքանչյուր աշակերտի առաջարկում է հուշումներ և խնդիրների լուծման քայլեր, որոնք անհրաժեշտ են դասարանում սովորածն արտահայտելու և ամրապնդելու համար:

Ի՞նչ է իրենից ներկայացնում «Ուսուցում» դասագիրքը:

Գործնական խնդիրներ՝ իրական կյանքում խնդիրների լուծումը *«Eureka Math»-ի առաքելության անքակտելի մասն է:* Աշակերտները վստահություն և հաստատակամություն են ձեռք բերում, երբ իրենց գիտելիքները կիրառում են նոր և տարաբնույթ իրավիճակներում: Ուսումնական ծրագիրը խրախուսում է աշակերտներին կիրառել ԿՆԳ եղանակը. Կարդալ խնդիրը, Նկարել՝ խնդիրը հասկանալու համար, և Գրել հավասարումն ու լուծումը: Ուսուցիչները խրախուսում են, որպեսզի աշակերտները ցույց տան իրենց աշխատանքը և մեկը մյուսին բացատրեն, թե լուծման ինչ ռազմավարություն են ընտրել:

Խնդիրներ. Ճիշտ հաջորդականությամբ ընտրված խնդիրները հնարավորություն են տալիս դասարանում ինքնուրույն աշխատել՝ անցում կատարելով մյուս խնդիրներին: Ուսուցիչները կարող են կիրառել նախապատրաստման և անհատականացման գործընթաց՝ յուրաքանչյուր ուսանողի համար «Պետք է անել» խնդիրներն ընտրելու համար: Որոշ աշակերտներ ավելի շատ խնդիրներ են լուծում, քան մյուսները. կարևորն այն է, որ բոլոր աշակերտներն ունենան 10 րոպե ժամանակ՝ իրենց սովորածը ուսուցչին անմիջապես ցույց տալու համար՝ նրա կողմից ստանալով թեթև օգնություն:

Դասի կուլմինացիոն պահը աշակերտների խնդիրների լուծումների պատասխաններն են՝ հարցուպատասխանը: Այստեղ աշակերտները մտածում են իրենց հասակակիցների և ուսուցչի հետ՝ ձևակերպելով և ամրապնդելով այն, ինչ նրանց հետաքրքրել է, նկատել են և սովորել են օրվա ընթացքում:

Գնահատման թերթիկներ. Աշակերտներն ուսուցչին ցույց են տալիս իրենց գիտելիքները ամենօրյա Գնահատման թերթիկների միջոցով: Գիտելիքի այս ստուգումը ուսուցչին կարևոր տեղեկություն է հաղորդում տվյալ օրվա ուսուցման արդյունավետության վերաբերյալ՝ ցույց տալով նրան, թե ինչի վրա պետք է ուշադրություն դարձնել հաջորդ անգամ:

Ձևանմուշներ. Ժամանակ առ ժամանակ Գործնական խնդիրը, Խնդիրները կամ դասարանային այլ աշխատանք պահանջում են, որպեսզի աշակերտներն ունենան իրենց նկարների օրինակը, բազմակի օգտագործման մոդելը կամ տվյալները: Այս ձևանմուշները տրամադրվում են առաջին դասին, եթե պահանջվում է:

Որտե՞ղ կարող եմ ավելի շատ տեղեկություններ ստանալ «Eureka Math»-ի *նյութերի վերաբերյալ:*

Great Minds® թիմը ձգտում է ապահովել աշակերտներին, ընտանիքներին և դասավանդողներին մշտապես հարստացվող նյութերի շտեմարանով, որը հասանելի է՝ eureka-math.org վեբկայքում: *Վեբկայքում զետեղված են նաև Eureka Math-ի խմբի ոգեշնչող հաջողության պատմություններ: Կիսվեք ձեր տպավորություններով և ձեռքբերումներով այլ օգտատերերի հետ՝ դառնալով Eureka Math-ի չեմպիոն:*

Լավագույն մաղթանքները ուսումնական տարվա կապակցությամբ, որը հուսով ենք հարուստ կլինի «Էվրիկայի պահերով»:

Ջիլ Դինից
Մաթեմատիկայի բաժնի տնօրեն
Great Minds

Կարդալ–Նկարել–Գրել գործընթաց

Eureka Math ուսումնական ծրագիրն օգնում է աշակերտներին խնդիրների լուծման գործընթացում՝ առաջարկելով նրանց պարզ, կրկնվող եղանակ, որը կսովորեցնի ուսուցիչը: Կարդալ–Նկարել–Գրել (ԿՆԳ) եղանակը կոչ է անում աշակերտներին

1. Կարդալ խնդիրը:
2. Նկարել և նշումներ անել:
3. Գրել հավասարում:
4. Գրել բառային նախադասություն (պնդում):

Ուսուցիչներին առաջարկվում է անցկացնել գործընթացը՝ միջամտելով այսպիսի հարցադրումներով՝

- Ի՞նչ եք տեսնում:
- Կարո՞ղ ես մի բան նկարել:
- Ի՞նչ եզրակացություններ կարող ես անել քո նկարից:

Ինչքան շատ աշակերտները մասնակցեն այս համակարգված մոտեցմամբ խնդիրների տրամաբանական լուծմանը, այնքան ավելի լավ կյուրացնեն մտածելու գործընթացն և այն բնազդաբար կկիրառեն հետագայում:

Բովանդակություն

Մոդուլ 4՝ Կարգային արժեք, համեմատություն, 40-ի սահմաններում գումարում և հանում

Թեմա Ա՝ Տասնյակներ և միավորններ

Դաս 1 . . . 3
Դաս 2 . . . 9
Դաս 3 . . . 17
Դաս 4 . . . 23
Դաս 5 . . . 29
Դաս 6 . . . 37

Թեմա Բ՝ Երկնիշ թվերի զույգերի համեմատություն

Դաս 7 . . . 45
Դաս 8 . . . 51
Դաս 9 . . . 57
Դաս 10 . . . 63

Թեմա Գ՝ Տասնյակների գումարում և հանում

Դաս 11 . . . 69
Դաս 12 . . . 79

Թեմա Դ՝ Երկնիշ թվին տասնյակների կամ միավորների գումարում

Դաս 13 . . . 85
Դաս 14 . . . 91
Դաս 15 . . . 97
Դաս 16 . . . 103
Դաս 17 . . . 109
Դաս 18 . . . 115

Թեմա Ե՝ 20-ի սահմաններում տարբեր խնդիրներ

Դաս 19 121

Դաս 20 125

Դաս 21 129

Դաս 22 133

Թեմա Զ՝ Երկնիշ թվին տասնյակների և միավորների գումարում

Դաս 23 139

Դաս 24 145

Դաս 25 151

Դաս 26 157

Դաս 27 163

Դաս 28 169

Դաս 29 175

Մոդուլ 5՝ Պատկերների ճանաչում, կառուցում և կազմատում

Թեմա Ա՝ Պատկերների հատկանիշներ

Դաս 1 183

Դաս 2 189

Դաս 3 195

Թեմա Բ՝ Մաս–Ամբողջ թվերի հարաբերություններ բաղադրյալ պատկերներում

Դաս 4 201

Դաս 5 207

Դաս 6 215

Թեմա Գ՝ Եռանկյունների և շրջանների կեսեր և քառորդ մասեր

Դաս 7 221

Դաս 8 227

Դաս 9 235

Թեմա Դ՝ Կեսերի կիրառումը ժամն ասելու համար

Դաս 10 243

Դաս 11 249

Դաս 12 255

Դաս 13 261

Դասարան 1
Մոդուլ 4

Կարդացեք

Զոյը 1 ձեռքում պահում է 10 գնդիկ, իսկ մյուս ձեռքում՝ 10 գնդիկ: Ընդհանուր քանի՞ գնդիկ ունի:

Նկարեք

Գրեք

ՄԻԱՎՈՐՆԵՐԻ ՊԱՏՄՈՒԹՅՈՒՆ   Դաս 1 Խնդիրներ   1•4

Անուն _____   Ամսաթիվ _____

Շրջանակի մեջ առեք 10-ի խմբերը: Գրեք թիվը՝ առարկաների ընդհանուր քանակը ցույց տալու համար:

1. Կա _____ խաղող:	2. Կա _____ գազար:
3. Կա _____ խնձոր:	4. Կա _____ գետնանուշ:
5. Կա _____ խաղող:	6. Կա _____ գազար:
7. Կա _____ խնձոր:	8. Կա _____ գետնանուշ:

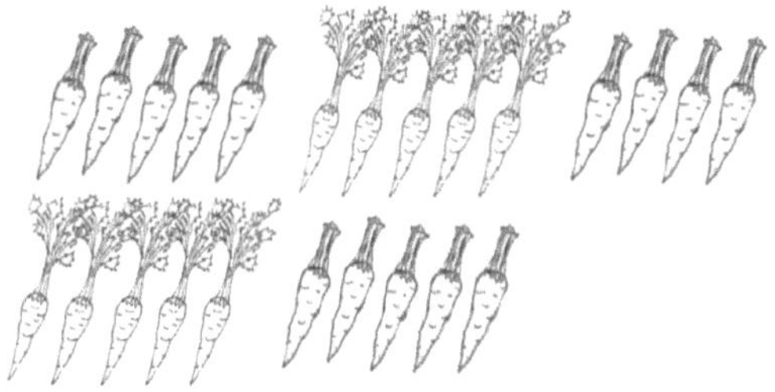

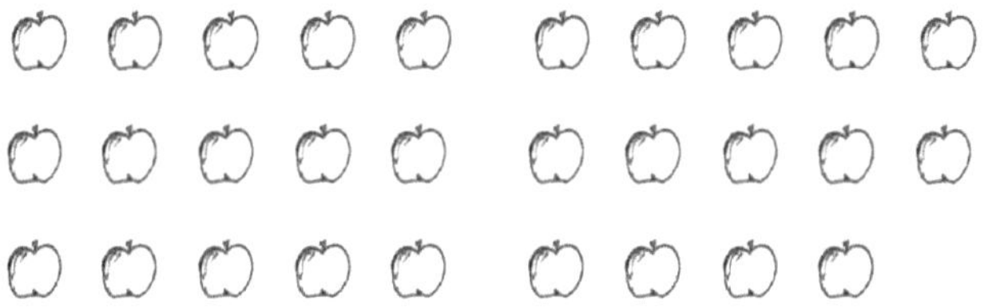

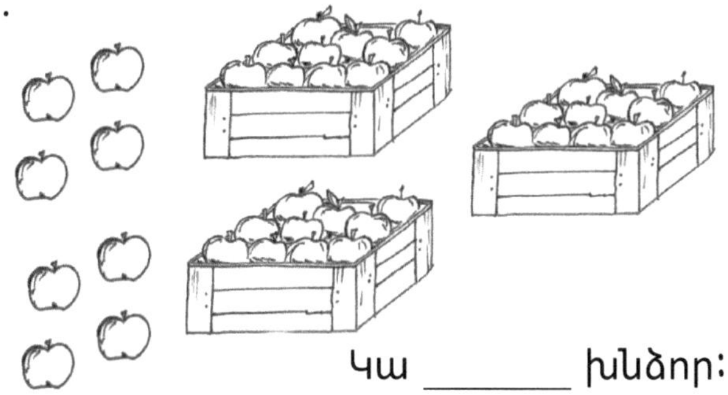

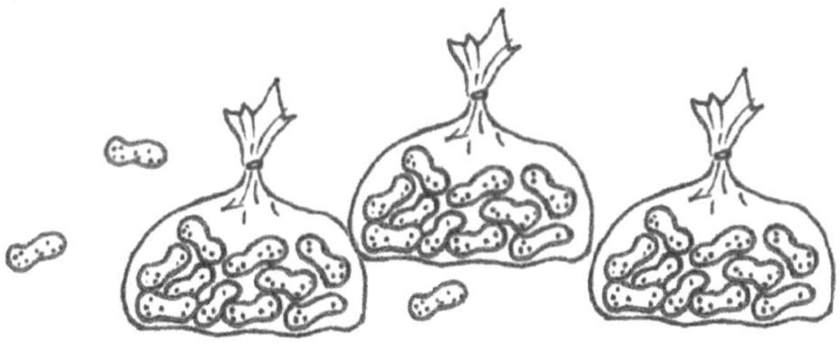

Դաս 1.   Համեմատեք հաշվելու արդյունավետությունը՝ մեկերով և տասերով հաշվելու միջոցով:

Կազմեք թվային կապ՝ տասերը և մեկերը ցույց տալու համար:

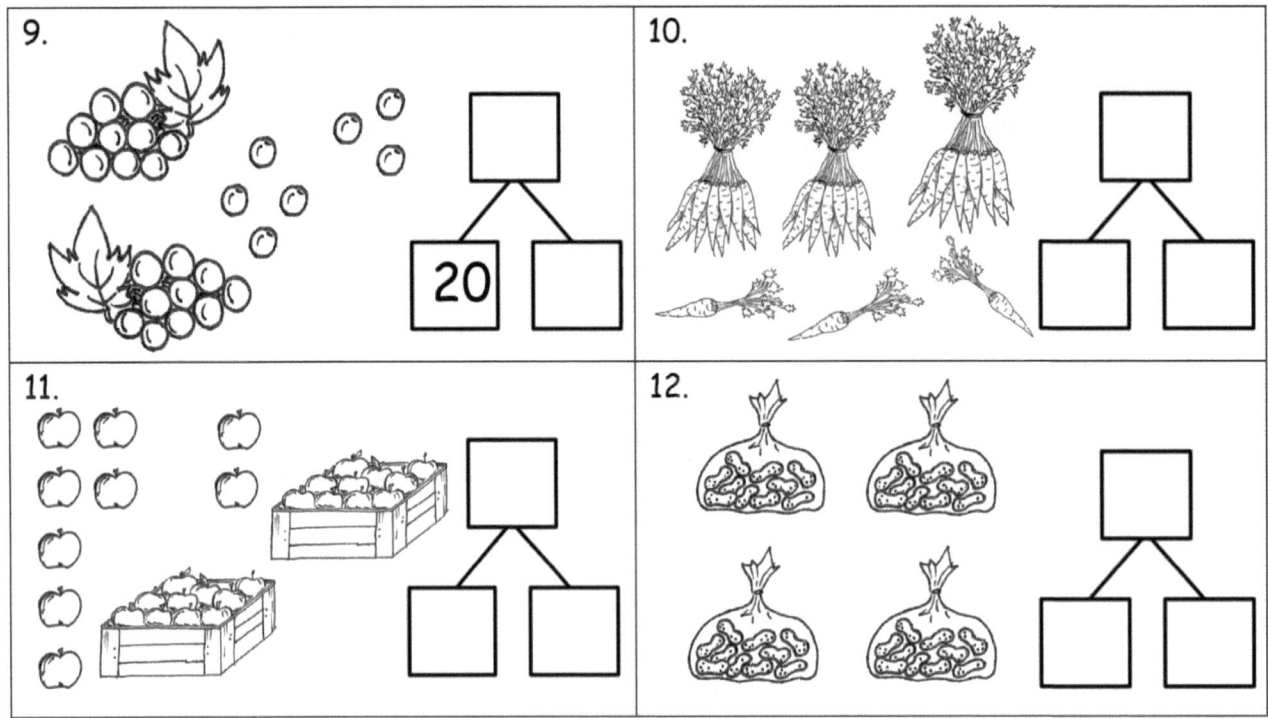

9.

10.

11.

12.

Կազմեք թվային կապ՝ տասերը և մեկերը ցույց տալու համար: Օգնելու համար՝ շրջանակի մեջ առեք տասերը:

13.

14.

15.

16.

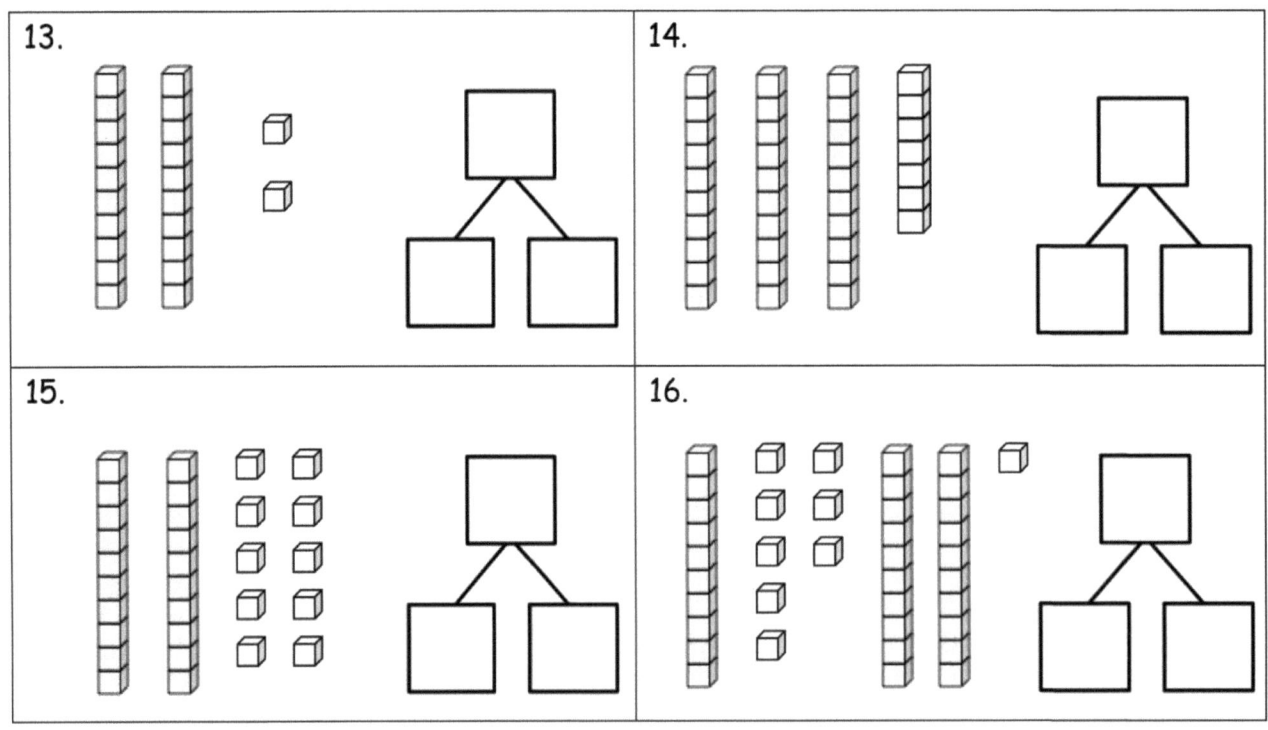

Անուն ______________________________ Ամսաթիվ ______________

Լրացրեք թվային կապերը:

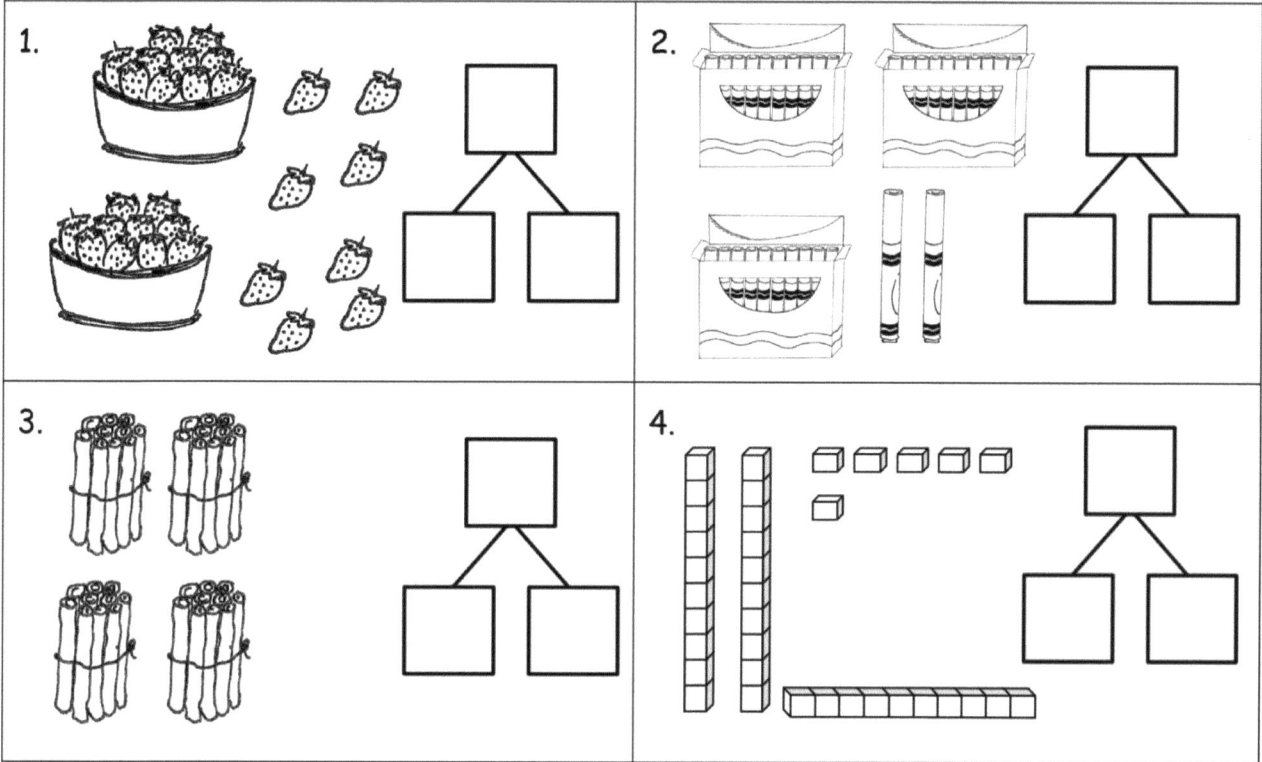

1.

2.

3.

4.

Դաս 1. Համեմատեք հաշվելու արդյունավետությունը՝ մեկերով և տասերով հաշվելու միջոցով:

Կարդացեք

Թեդն ունի 4 տուփ յուրաքանչյուրը՝ 10 մատիտով։ Ընդամենը քանի՞ մատիտ նա ունի։

Նկարեք

Գրեք

_____

_____

_____

Անուն ____________________________ Ամսաթիվ ______________

Գրեք տասերն ու մեկերը, ապա ասեք թվերը: Լրացրեք պնդումը:

1.

17 = ______ տասը ______ մեկեր

2.

26 = ______ տասեր ______ մեկեր

3.

28 = ______ տասեր ______ մեկեր

4.

______ տասեր ______ մեկեր = 33

5.

տասեր	մեկեր

Կա ______ փուչիկ:

6.

տասեր	մեկեր

Կա ______ ծաղիկ:

7.

տասեր	մեկեր

Կա ______ գնդիկ:

8.

տասեր	մեկեր

Կա ______ գետնանուշ:

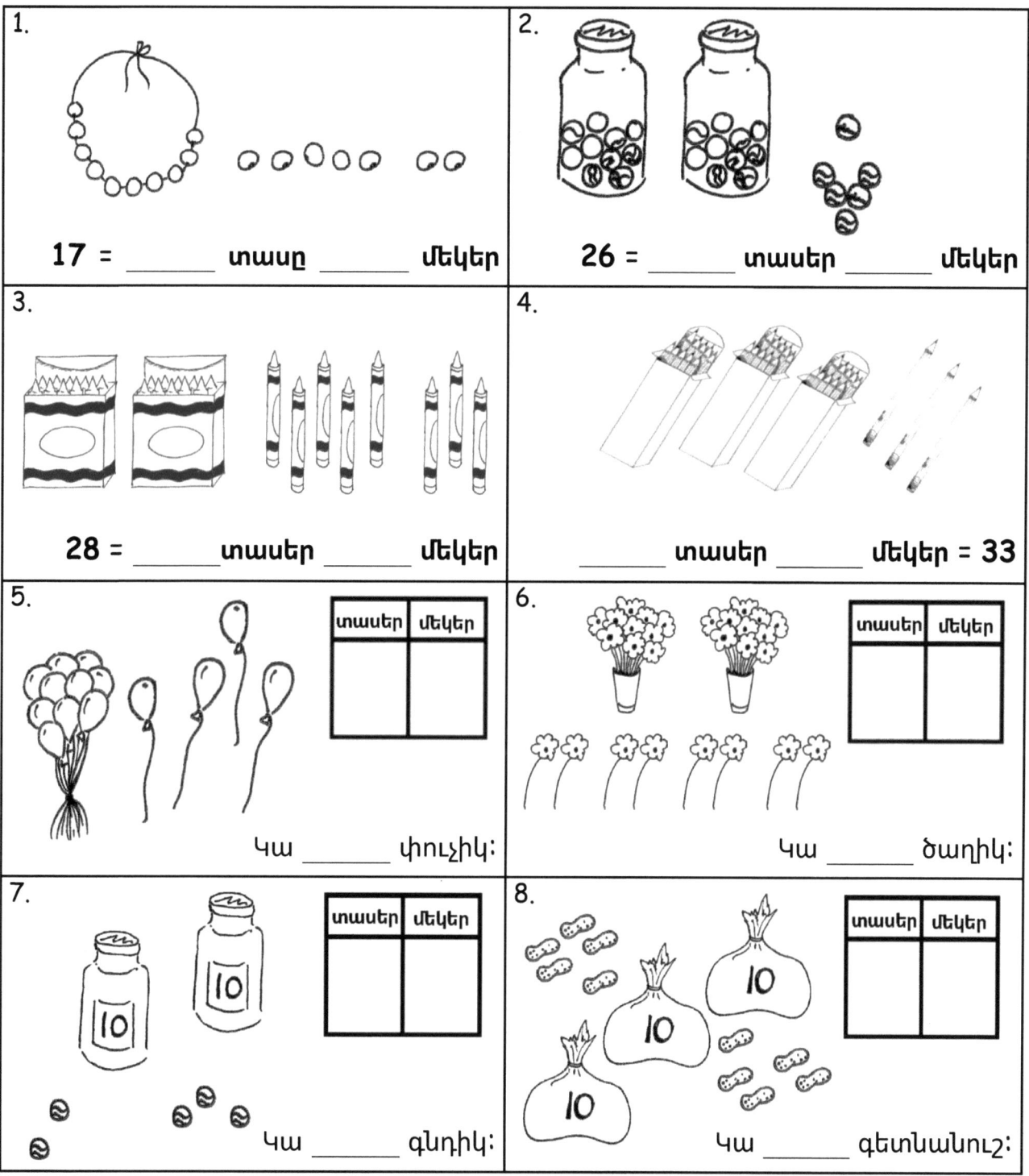

Գրեք տասերն ու մեկերը: Լրացրեք պնդումը:

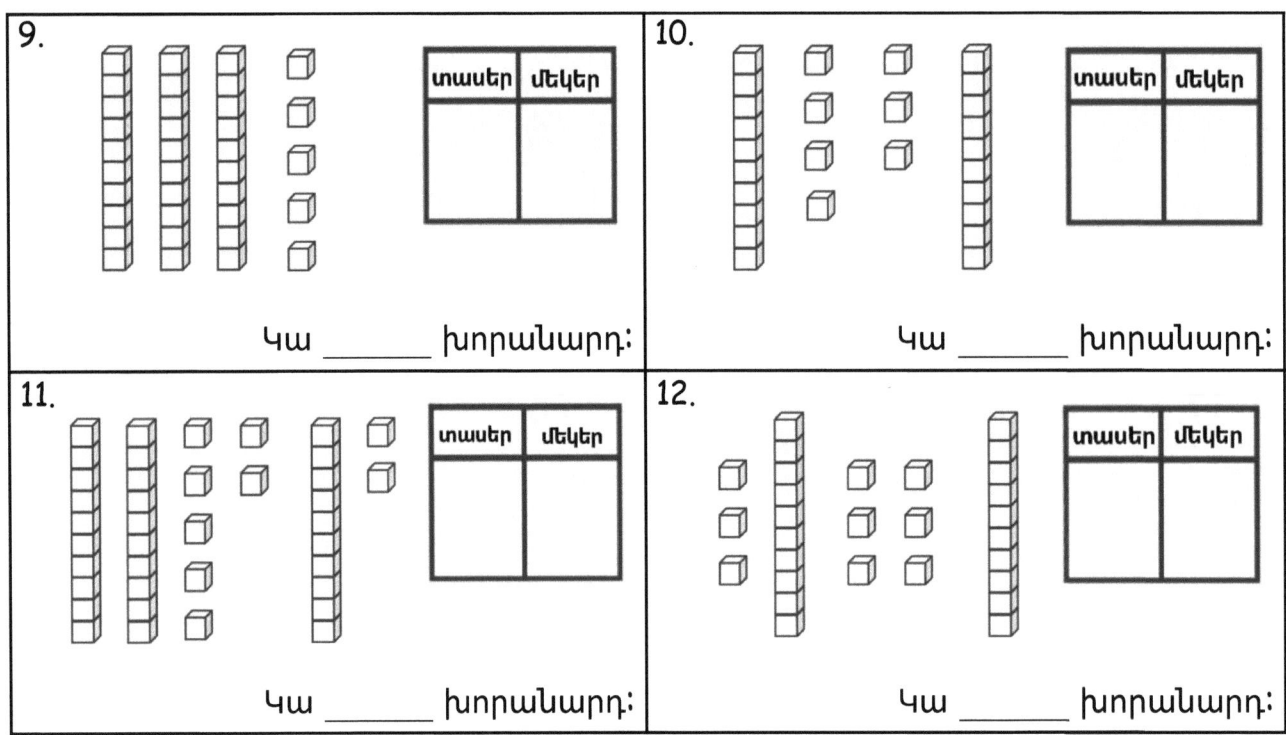

9.

տասեր	մեկեր

Կա ______ խորանարդ:

10.

տասեր	մեկեր

Կա ______ խորանարդ:

11.

տասեր	մեկեր

Կա ______ խորանարդ:

12.

տասեր	մեկեր

Կա ______ խորանարդ:

Գրեք բացակայող թվերը: Աշխատելու ընթացքում սկզբում արտասանեք թվերը սովորական տարբերակով, այնուհետև՝ «Ասա տասը եղանակով»:ay.

13.

տասեր	մեկեր

➡ 35

14.

տասեր	մեկեր
2	7

➡ ______

15.

տասեր	մեկեր
3	9

➡ ______

16.

տասեր	մեկեր

➡ 29

17.

տասեր	մեկեր
	0

➡ 40

18.

տասեր	մեկեր

➡ 9

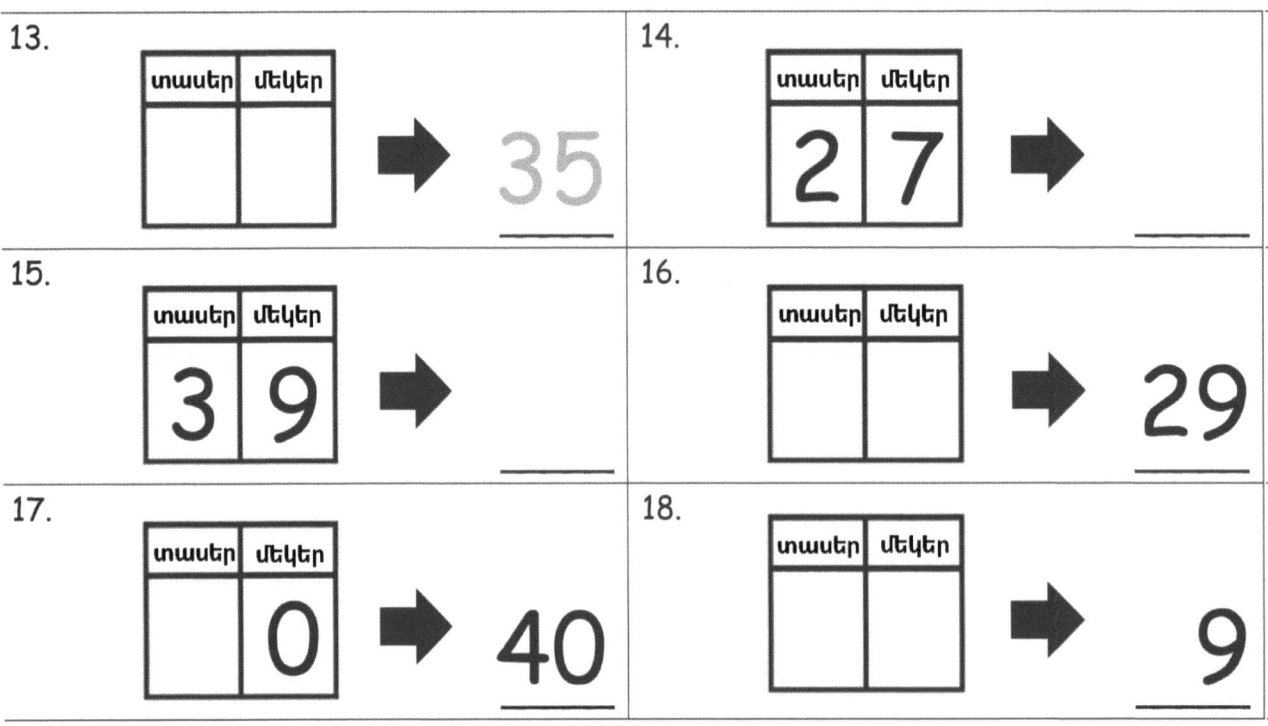

ՄԻԱՎՈՐՆԵՐԻ ՊԱՏՄՈՒԹՅՈՒՆ   Դաս 2 Ստուգողական աշխատանք   1•4

Անուն _____   Ամսաթիվ _____

Համապատասխանեցրեք նկարն այն արժեքների աղյուսակին, որը ցույց է տալիս ճիշտ տասերն ու մեկերը:

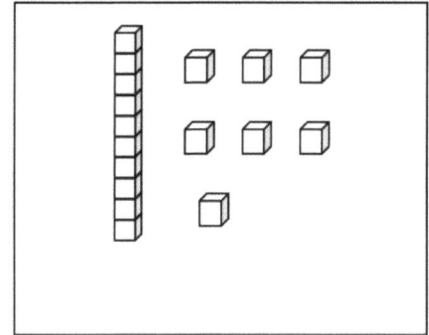

տասեր	մեկեր
4	0

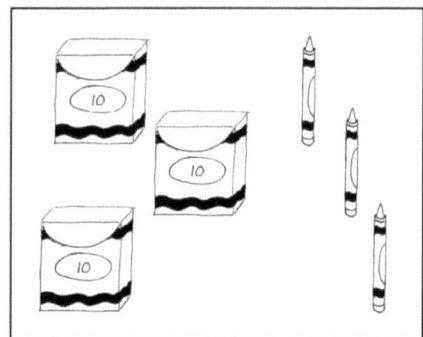

տասեր	մեկեր
1	7

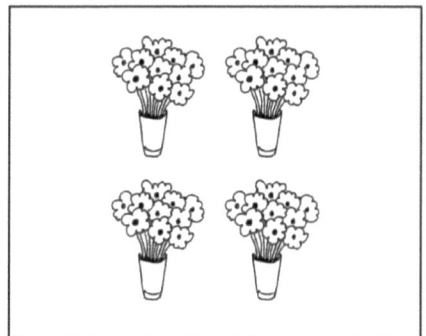

տասեր	մեկեր
3	3

Դաս 2.   Օգտագործեք տեղային արժեքների աղյուսակը՝ երկնիշ թվերի տասերն ու մեկերը նշելու և անվանելու համար:

տասեր	մեկեր

տեղային արժեքների աղյուսակ

Դաս 2. Օգտագործեք տեղային արժեքների աղյուսակը՝ երկնիշ թվերի տասերն ու մեկերը նշելու և անվանելու համար:

Կարդացեք

Սյուն գրում է 34 թիվը տեղի արժեքների աղյուսակում: Նա չի կարողանում հիշել՝ արդյոք ունի 4 տասեր և 3 մեկեր, թե 3 տասեր և 4 մեկեր:

Օգտագործեք տեղի արժեքների աղյուսակը՝ ցույց տալու համար, թե քանի տասեր և մեկեր կան 34-ում:

Սյունին դա բացատրելու համար օգտագործեք նկար և բառեր:

Նկարեք

Գրեք

_____

_____

_____

ՄԻԱՎՈՐՆԵՐԻ ՊԱՏՄՈՒԹՅՈՒՆ Դաս 3 Խնդիրներ 1•4

Անուն _____ Ամսաթիվ _____

Հաշվեք այնքան տասեր, որքան կարող եք։ Լրացրեք յուրաքանչյուր պնդում։ Ասացեք թվերը և արտահայտությունները։

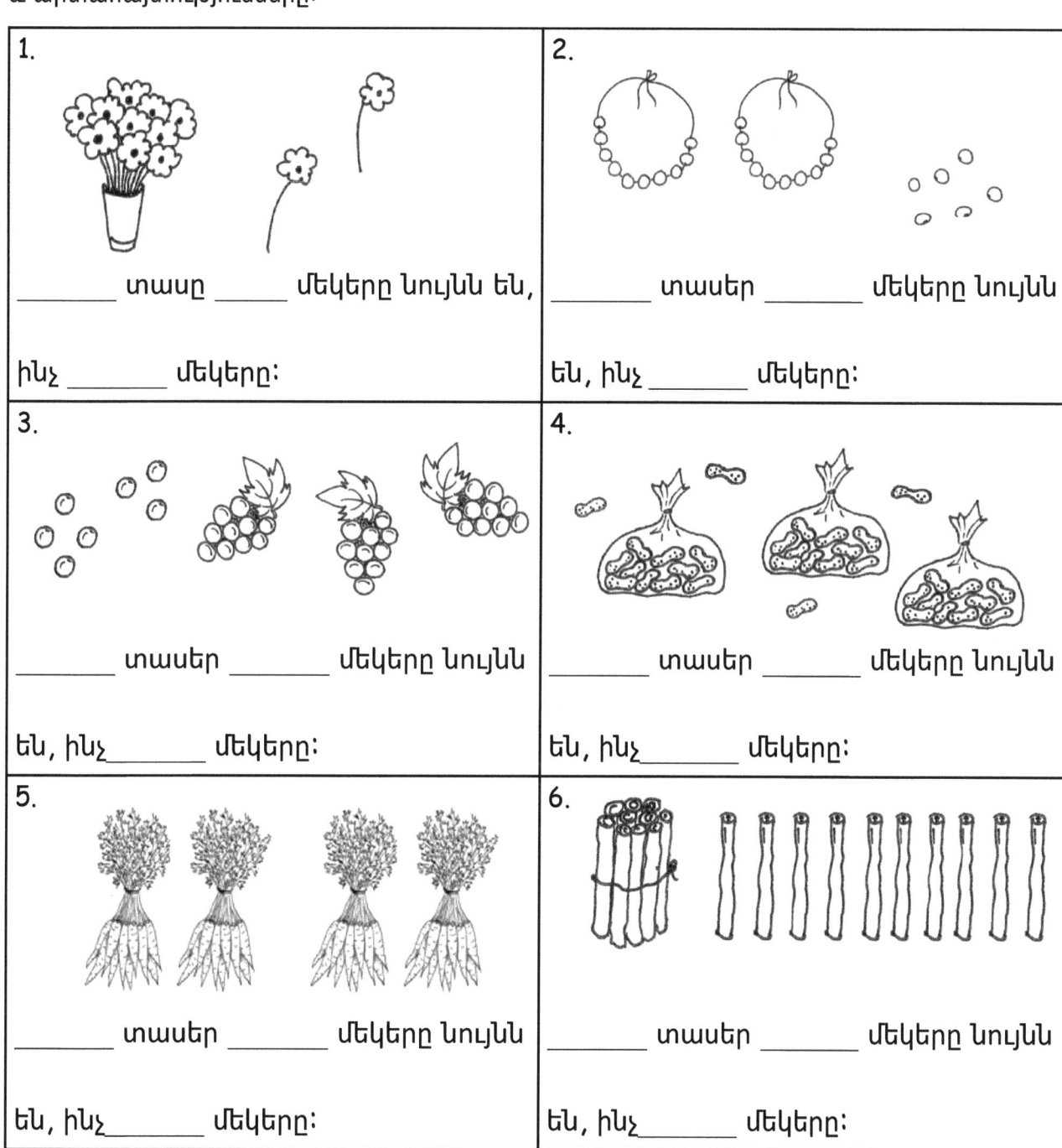

1. _____ տասը _____ մեկերը նույնն են, ինչ _____ մեկերը։

2. _____ տասեր _____ մեկերը նույնն են, ինչ _____ մեկերը։

3. _____ տասեր _____ մեկերը նույնն են, ինչ _____ մեկերը։

4. _____ տասեր _____ մեկերը նույնն են, ինչ _____ մեկերը։

5. _____ տասեր _____ մեկերը նույնն են, ինչ _____ մեկերը։

6. _____ տասեր _____ մեկերը նույնն են, ինչ _____ մեկերը։

Դաս 3. Մեկնաբանեք երկնիշ թվերը որպես տասեր և մեկեր, կամ ամբողջ մեկեր։

Ընտրեք:

7. 3 տասեր 2 մեկեր

8.

տասեր	մեկեր
1	7

9. 37 մեկեր

10. 4 տասեր

11.

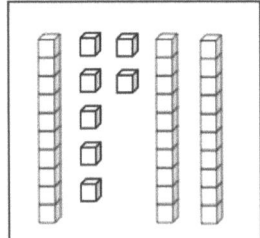

12. 9 մեկեր 2 տասեր

29 մեկեր

40 մեկեր

23 մեկեր

32 մեկեր

17 մեկեր

Լրացրեք բացակայող թվերը:

13. 15 →

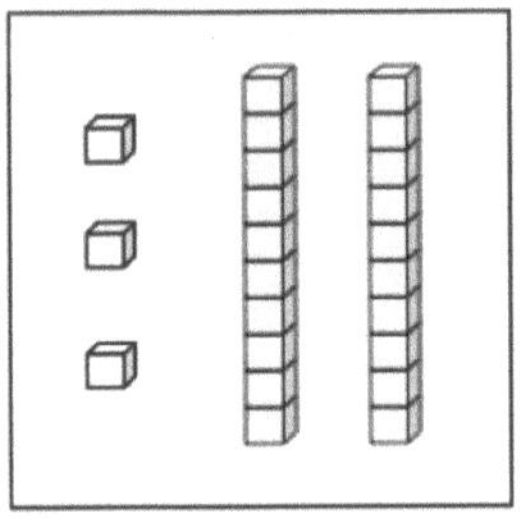

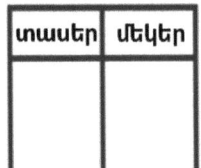

տասեր	մեկեր

→ ______ մեկեր

14. ______ → ______ տասեր ______ մեկեր → 39 մեկեր

20 Դաս 3. Մեկնաբանեք երկնիշ թվերը որպես տասեր և մեկեր, կամ ամբողջ մեկեր:

EUREKA MATH

Անուն ______________________________ Ամսաթիվ ______________

Հաշվեք այնքան տասեր, որքան կարող եք: Լրացրեք յուրաքանչյուր պնդում: Ասացեք թվերը և արտահայտությունները:

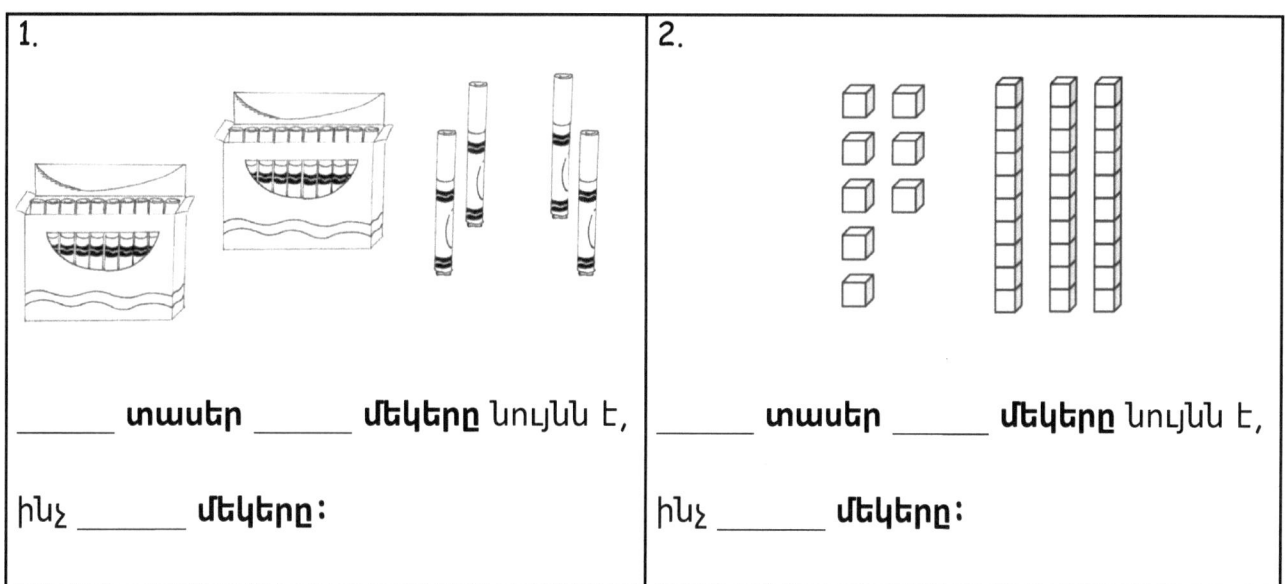

1.

______ **տասեր** ______ **մեկերը** նույնն է,

ինչ ______ **մեկերը**:

2.

______ **տասեր** ______ **մեկերը** նույնն է,

ինչ ______ **մեկերը**:

Լրացրեք բացակայող թվերը:

3. 27 ➡

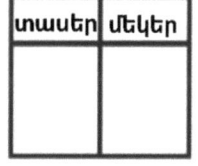

տասեր	մեկեր

➡ ______ մեկեր

Դաս 3. Մեկնաբանեք երկնիշ թվերը որպես տասեր և մեկեր, կամ ամբողջ մեկեր:

Կարդացեք

Լիզան ունի 3 տուփից բաղկացած 10 գունավոր մատիտնաև 5 հավելյալ գունավոր մատիտ: Սալին ունի 19 գունավոր մատիտ: Սալին ասում է, որ ավելի շատ մատիտներ ունի, բայց Լիզան համաձայն չէ: Ո՞վ է ճիշտ:

Նկարեք

Գրեք
_____

_____

_____

Անուն _____   Ամսաթիվ _____

Լրացրեք թվային կապը: Լրացրե՛ք նախադասությունները:

1.
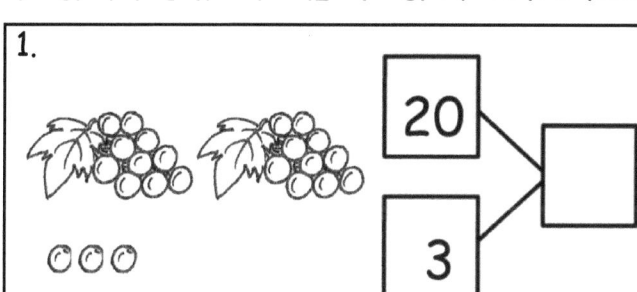
20 և 3 կազմում են ____:

20 + 3 = ____

2.
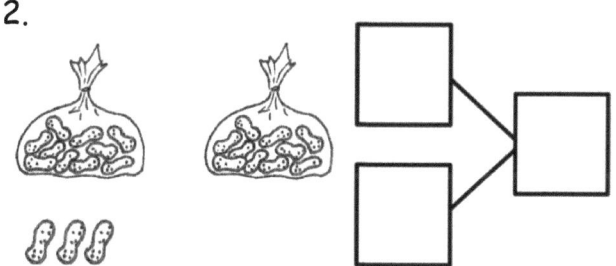
20 և 8 կազմում են ____:

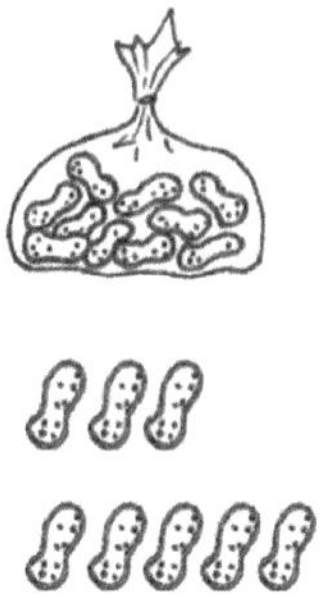

20 + 8 = ____

3.
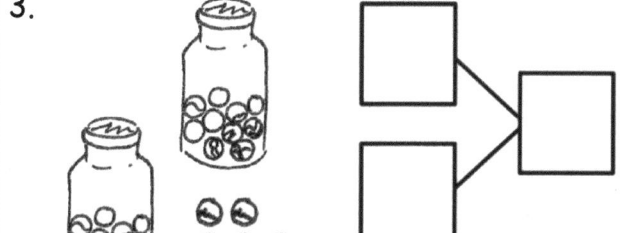
20 + 7 = ____

7-ով ավել քան 20-ը հավասար է ____:

4.
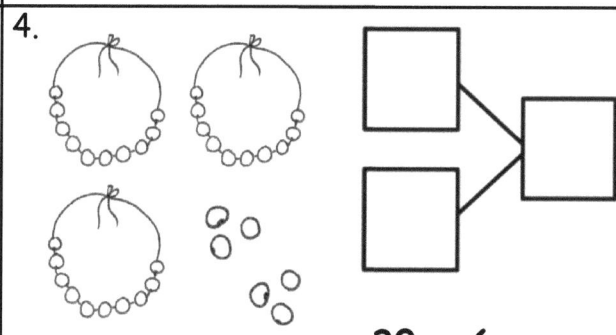
30 + 6 = ____

6-ով ավել քան 30-ը հավասար է ____:

5.
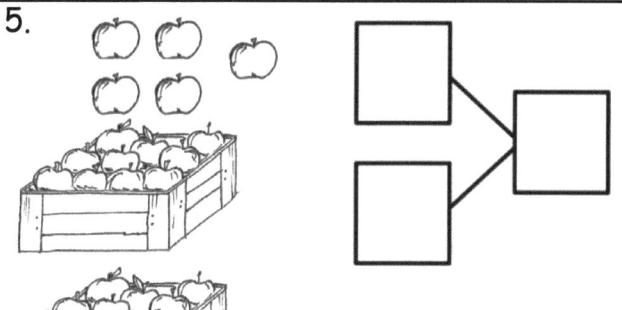
5 + 20 = ____

20-ով ավել քան 5-ը հավասար է ____:

6.
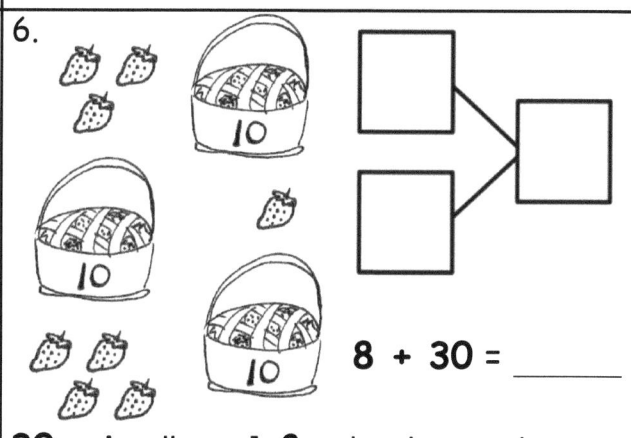
8 + 30 = ____

30-ով ավել քան 8-ը հավասար է ____:

Գրեք տասերն ու մեկերը: Այնուհետև գրեք գումարման արտահայտություն՝ տասերն ու մեկերը գումարելու համար:

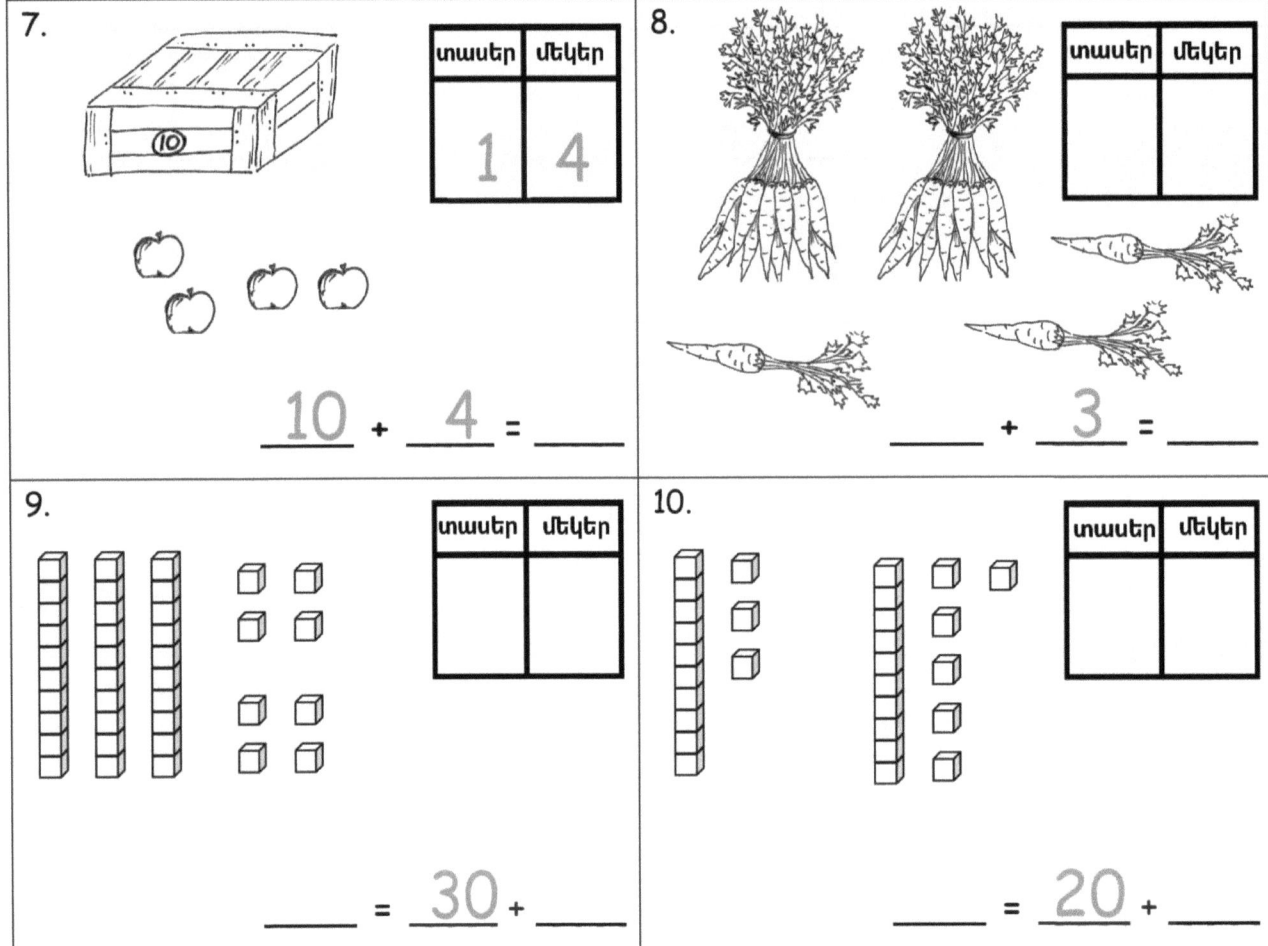

7.

տասեր	մեկեր
1	4

10 + 4 = ____

8.

տասեր	մեկեր

____ + 3 = ____

9.

տասեր	մեկեր

____ = 30 + ____

10.

տասեր	մեկեր

____ = 20 + ____

Ընտրեք:

11. 4 տասեր •   • 20 + 7
12. 2 տասեր 7 մեկեր •   • 40
13. 3-ով ավել 20-ից •   • 20 + 3
14. 9 մեկեր 3 տասեր •   • 2 + 30
15. 2 մեկեր 3 տասեր •   • 9 + 30

Անուն ______________________________ Ամսաթիվ ______________

Գրեք տասերն ու մեկերը: Այնուհետև գրեք գումարման արտահայտություն՝ տասերն ու մեկերը գումարելու համար:

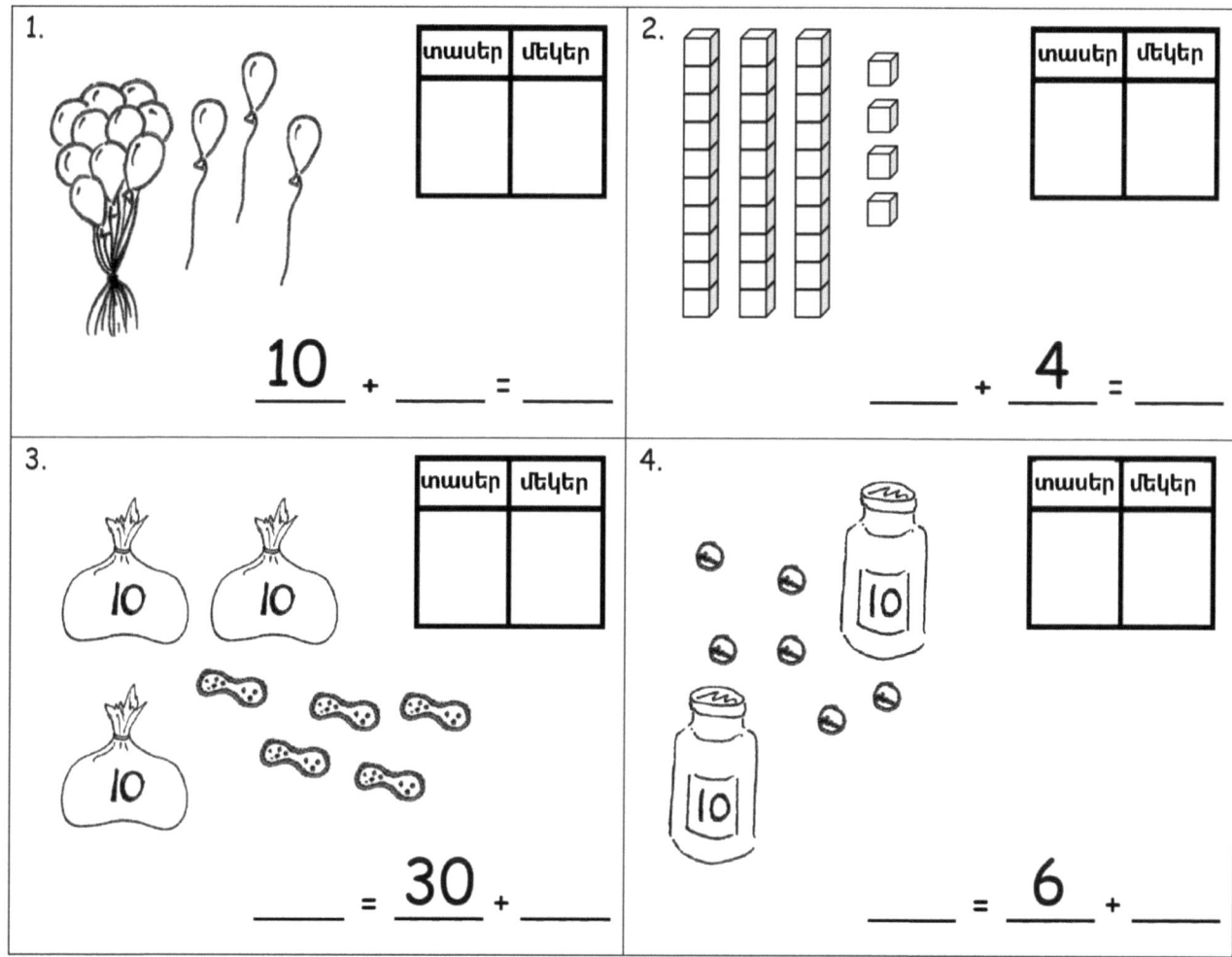

1.

տասեր	մեկեր

10 + ____ = ____

2.

տասեր	մեկեր

____ + 4 = ____

3.

տասեր	մեկեր

____ = 30 + ____

4.

տասեր	մեկեր

____ = 6 + ____

EUREKA MATH Դաս 4. Գրեք և մեկնաբանեք տասերից և մեկերից բաղկացած գումարման արտահայտության տեսքով ներկայացված երկնիշ թվերը: 27

Կարդացեք

Լին ունի 4 մատիտ և ևս 10-ը գնեց: Կիանան ունի 17 մատիտ և դրանցից 10-ը կորցնում է: Ո՞վ ունի ավելի շատ մատիտ հիմա: Օգտագործեք նկարներ, բառեր և թվային նախադասություններ՝ ձեր միտքը հիմնավորելու համար:

Նկարեք

Գրեք

_____

_____

_____

Դաս 5. Գտեք երկնիշ թվից 10-ով ավելի, 10-ով պակաս, 1-ով ավելի և 1-ով պակաս թվերը:

Անուն ____________________________________ Ամսաթիվ ________________

Գրեք թիվը:

1.

+ 1

1-ով ավել քան 30-ը հավասար է _____:

2.

- 1

1-ով պակաս 30-ից հավասար է _____:

3.

+ 1

1-ով ավել քան 39-ը հավասար է _____:

4.

- 1

1-ով պակաս, քան 39-ը հավասար է __:

5.

+ 10

10-ով ավել, քան 27-ը հավասար է ____:

6.

- 10

33-ից 10-ով պակասը հավասար է____:

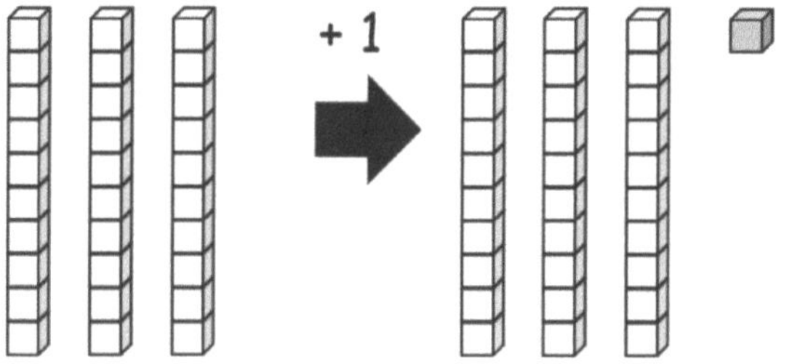

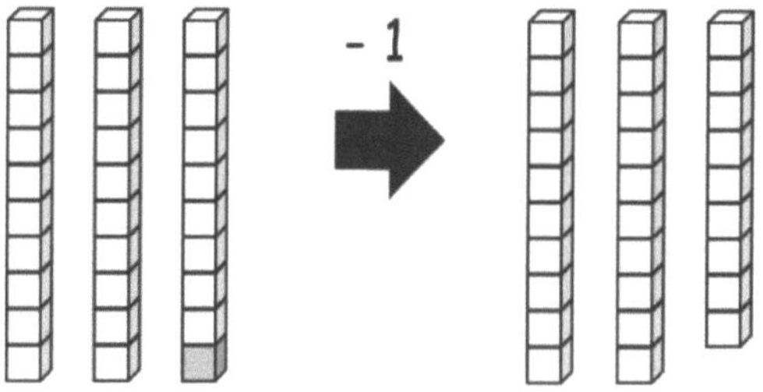

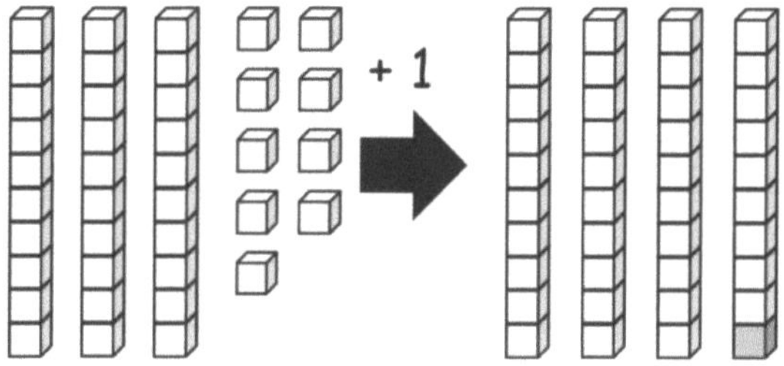

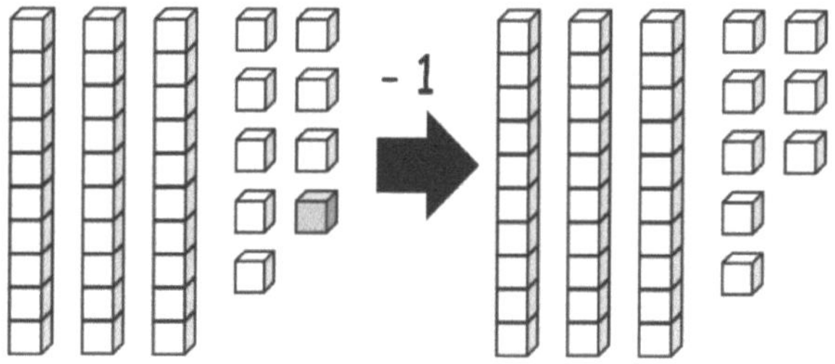

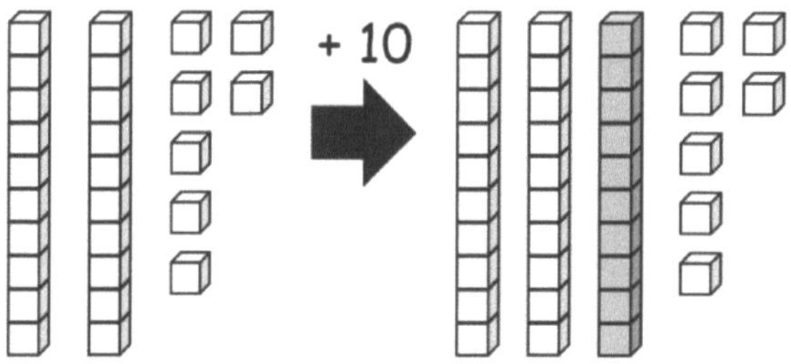

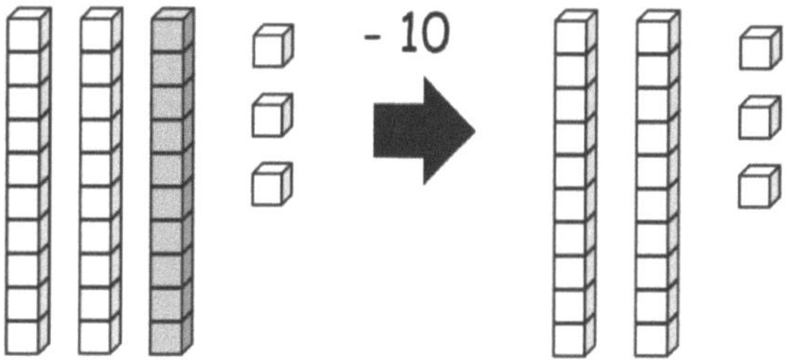

Դաս 5. Գտեք երկնիշ թվից 10-ով ավելի, 10-ով պակաս , 1-ով ավելի և 1-ով պակաս թվերը:

Գծեք 1-ով ավելին կամ 10-ով ավելին։ Կարող եք օգտագործել արագ տասը՝ և 10-ը ցույց տալու համար։

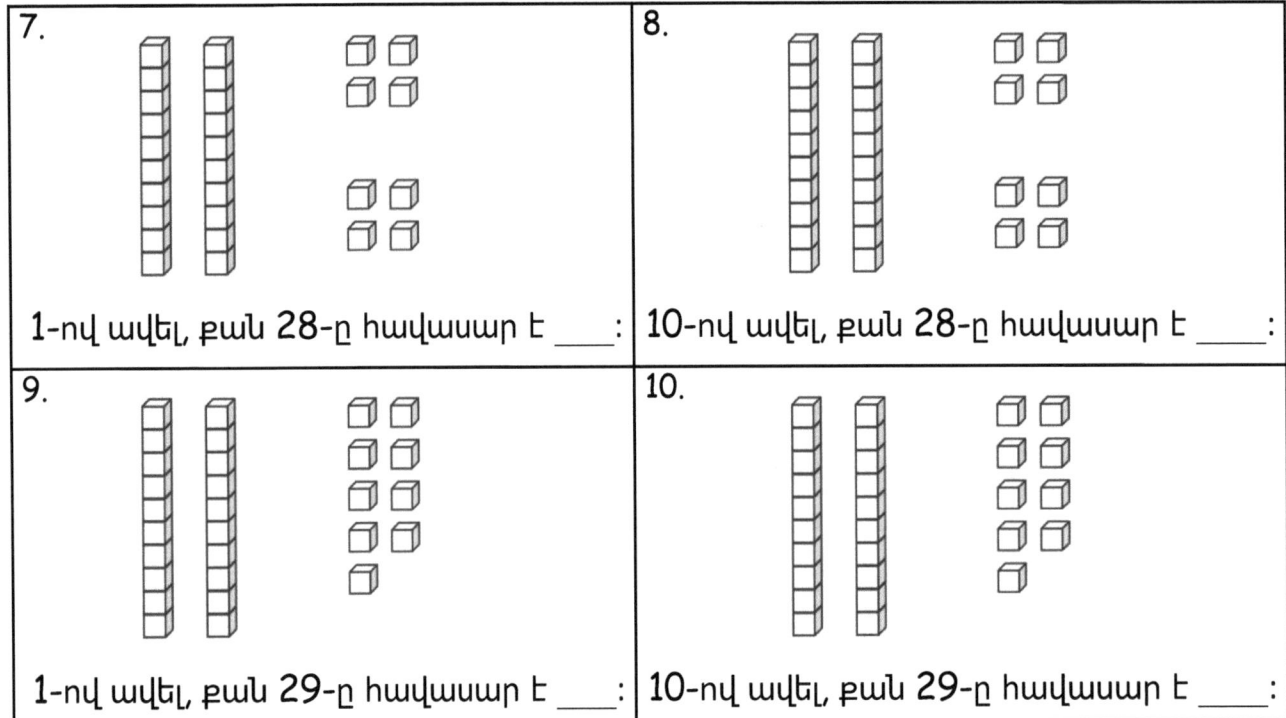

7.

1-ով ավել, քան 28-ը հավասար է ___։

8.

10-ով ավել, քան 28-ը հավասար է ___։

9.

1-ով ավել, քան 29-ը հավասար է ___։

10.

10-ով ավել, քան 29-ը հավասար է ___։

Ջնջեք (x)՝ ցույց տալու 1-ով կամ 10-ով պակասը։

11.

26-ից 10-ով պակաս հավասար է ____։

12.

26-ից 1-ով պակաս հավասար է ____։

13.

10-ով պակաս 40-ից հավասար է ____։

14.

1-ով պակաս 40-ից հավասար է ____։

EUREKA MATH

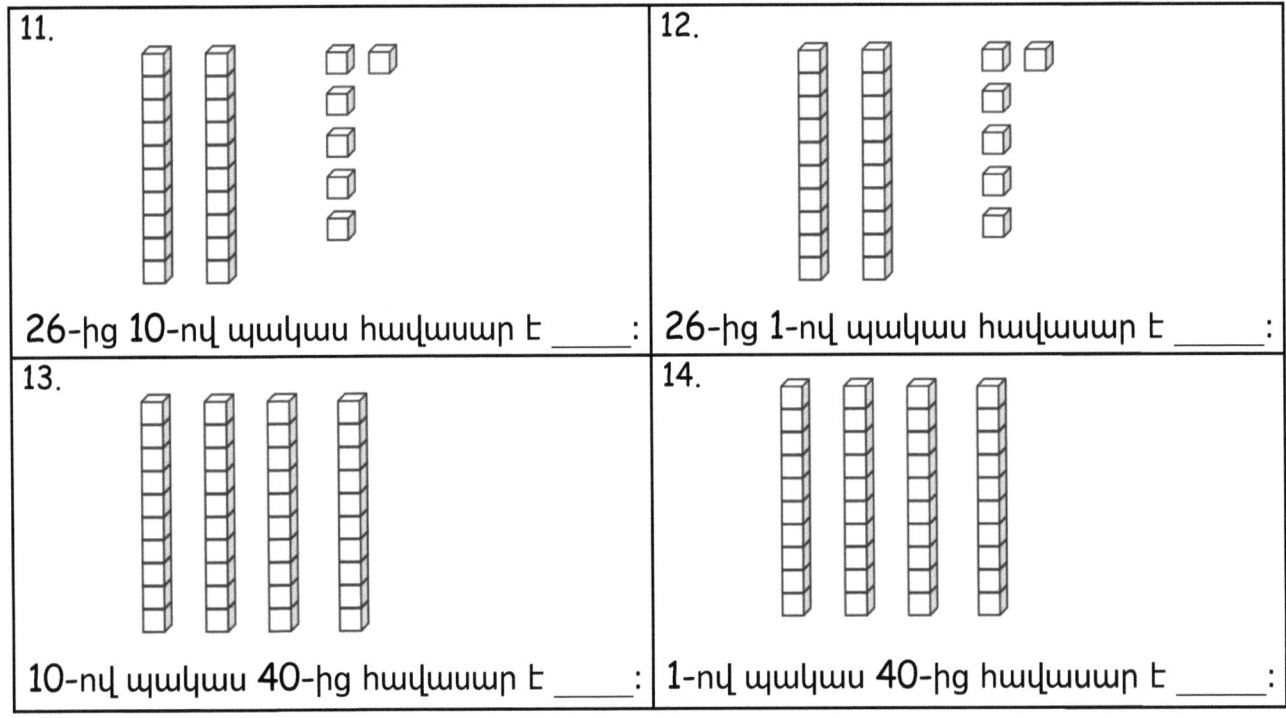

Անուն ______________________________ Ամսաթիվ ______________

Գծեք 1-ով ավելին կամ 10-ով ավելին: Կարող եք օգտագործել արագ տասը՝ և 10-ը ցույց տալու համար:

1.

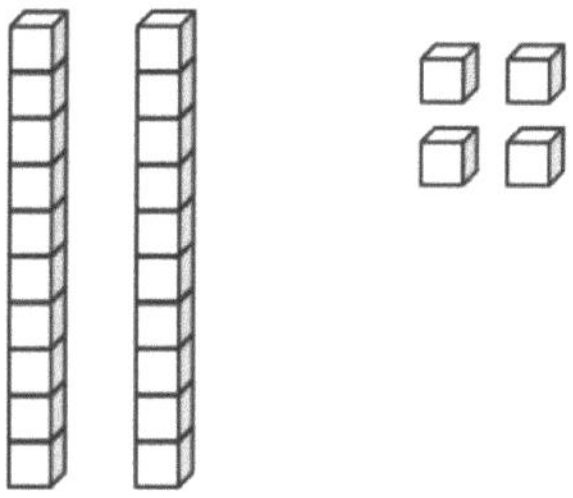

1-ով ավել, քան 27-ը հավասար է ____:

2.

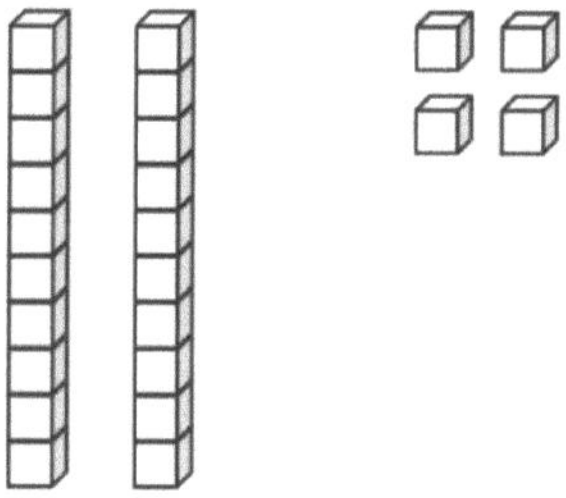

10-ով ավել, քան 24-ը հավասար է ____:

Ձնջեք (x)՝ ցույց տալու 1-ով կամ 10-ով պակասը:

3.

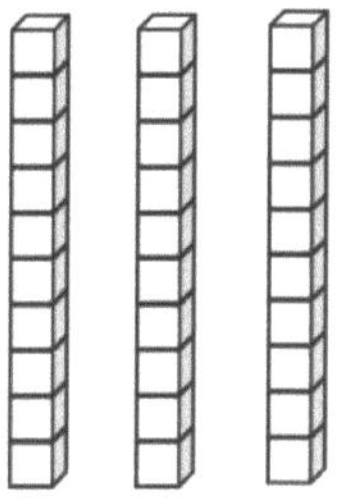

10-ով պակաս 30-ից հավասար է _____:

4.

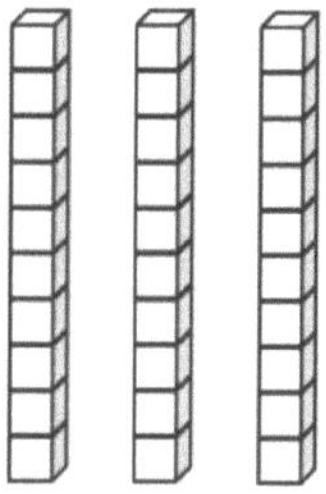

1-ով պակաս 30-ից հավասար է _____:

ՄԻԱՎՈՐՆԵՐԻ ՊԱՏՄՈՒԹՅՈՒՆ   Դաս 5 Ձևանմուշ   1•4

տասեր	մեկեր

տասեր	մեկեր

_____
կրկնապատկեք տեղի արժեքների աղյուսակները:

Դաս 5. Գտեք երկնիշ թվից 10-ով ավելի, 10-ով պակաս , 1-ով ավելի և
1-ով պակաս թվերը:

35

Կարդացեք

Շեյլան ունի 3 պայուսակ, յուրաքանչյուր պայուսակում 10 պրետցելով և 9 լրացուցիչ պրետցելով: Նա տվեց 1 պայուսակ ընկերոջը: Քանի՞ պրետցել ունի նա այժմ:

Ընդարձակեք. Ջոնը ունի 19 պրետցել: Որքա՞ն ավել պրետցել պետք է նա ունենա, որքան Շեյլն այժմ ունի:

Նկարեք

Գրեք

Անուն ____________________________ Ամսաթիվ ______________

Լրացրեք տեղային արժեքների աղյուսակը և բաց թողնված մասերը:

1.

տասեր	մեկեր

20 = ______ տասեր

2.

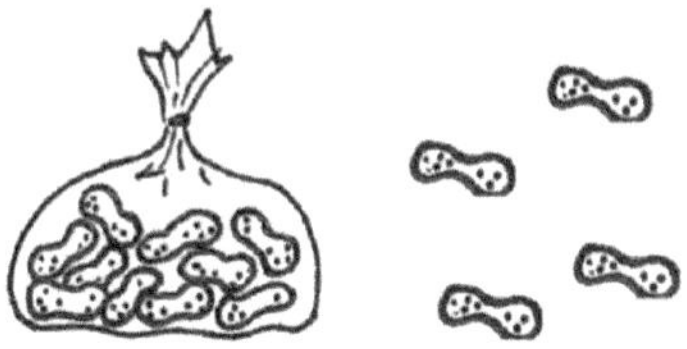

10 ցենտանոց մետաղադրամներ	պեննիներ

14 = ______ տասը և ______ մեկեր

3.

10 ցենտանոց մետաղադրամներ	պեննիներ

______ = 3 տասեր 5 մեկեր

4.

10 ցենտանոց մետաղադրամներ	պեննիներ

______ = 2 տասեր 6 մեկեր

5.

10 ցենտանոց մետաղադրամներ	պեննիներ

______ = ______ տասեր ______ մեկեր

6.

10 ցենտանոց մետաղադրամներ	պեննիներ

______ = ______ տասեր ______ մեկեր

7.

տասեր	մեկեր

______ = ______ տասեր ______ մեկեր

8.

տասեր	մեկեր

______ տասեր ______ մեկեր = ______

Դաս 6. Օգտագործեք տասցենտանոցներ և պենիներ՝ տասնյակները և միավորները ներկայացնելու համար: 39

Լրացրեք բաց թողնված մասերը: Գծեք կամ խաչ քաշեք տասերի կամ մեկերի մոտ՝ ըստ անհրաժեշտության:

25-ից 10-ով ավելը հավասար է 35-ի

9. 1-ով ավել, քան 15-ը հավասար է ______:	10. 10-ով ավելանա, քան 5-ը հավասար է _____:
11. 10-ով ավել, քան 30-ը հավասար է ______:	12. 1-ով ավել, քան 30-ը հավասար է ______:
13. 1-ով պակաս, քան 24-ը հավասար է ______:	14. 10-ով պակաս, քան 24-ը հավասար է ______:
15. 10-ով պակաս, քան 21-ը հավասար է ______:	16. 1-ով պակաս, քան 21-ը հավասար է ______:

40 Դաս 6. Օգտագործեք տասցենտանոցներ և պենիներ՝ տասնյակները և միավորները ներկայացնելու համար:

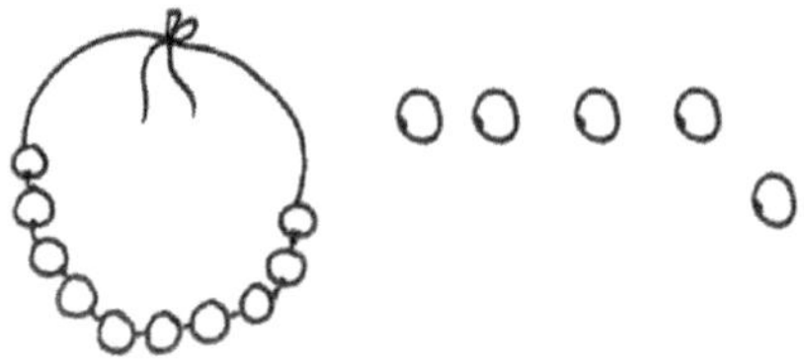

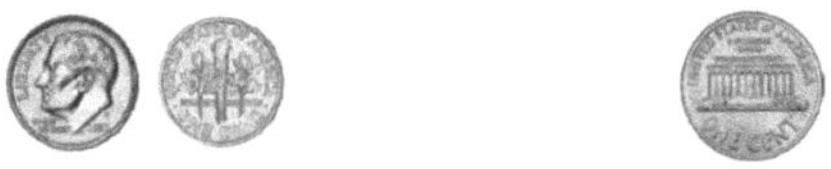

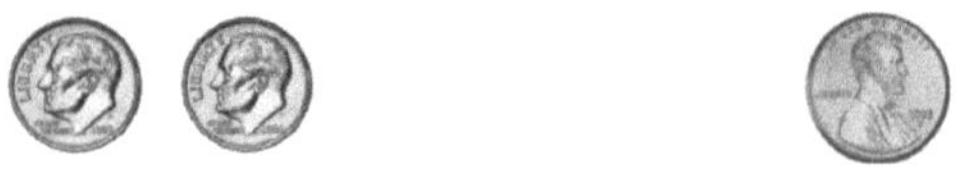

ՄԻԱՎՈՐՆԵՐԻ ՊԱՏՄՈՒԹՅՈՒՆ　　Դաս 6 Ստուգողական աշխատանք　1•4

Անուն _____　Ամսաթիվ _____

Լրացրեք բաց թողնված մասերը: Գծեք կամ խաչ քաշեք տասերի կամ մեկերի մոտ՝ ըստ անհրաժեշտության:

1. 10-ով ավել, քան 27-ը հավասար է _____:	2. 1-ով ավել, քան 13-ը հավասար է _____:
3. 10-ով պակաս, քան 31-ը հավասար է _____:	4. 1-ով պակաս, քան 14-ը հավասար է _____:

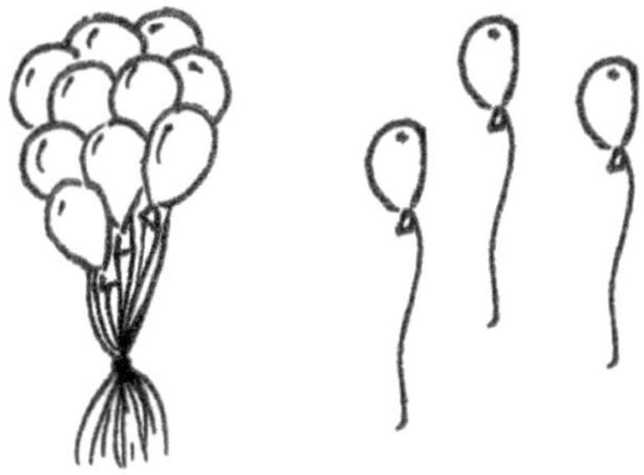

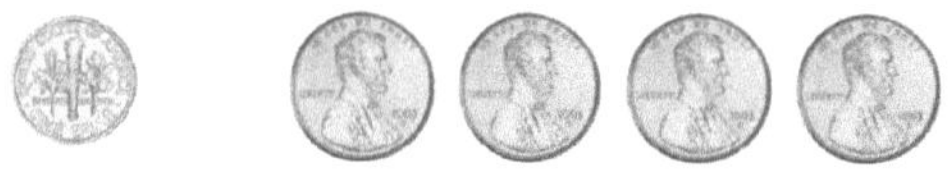

Դաս 6.　Օգտագործեք տասցենտանոցներ և պենիներ՝ տասնյակները և միավորները ներկայացնելու համար:

10 ցենտանոց մետաղադրամներ	մետաղադրամներ

տասեր	մեկեր

մետաղադրամ և տեղի արժեքների աղյուսակ

EUREKA MATH Դաս 6. Օգտագործեք տասցենտանոցներ և պենիներ՝ տասնյակները և միավորները ներկայացնելու համար: 43

Copyright © Great Minds PBC

Կարդացեք

Բենին ունի 4 տասցենտանոց: Մարկուսն ունի 4 մետաղադրամ: Բենին ասում է՝ «Մենք ունենք նույն քանակությամբ գումար»: Նա ճի՞շտ է: Օգտագործեք նկարներ կամ բառեր՝ բացատրելու համար ձեր մտածողությունը:

Նկարեք

Գրեք

_____

_____

_____

Դաս 7. Համեմատեք երկու քանակները և գտեք երկու տրված թվերից ավելի մեծը կամ ավելի փոքրը։

Անուն ______________________________ Ամսաթիվ ______________

Յուրաքանչյուր զույգի համար գրեք յուրաքանչյուր հավաքածուի իրերի քանակը: Ապա շրջանակի մեջ վերցրեք հավաքածուն, որն ունի *ավելի մեծ* թվով իրեր:

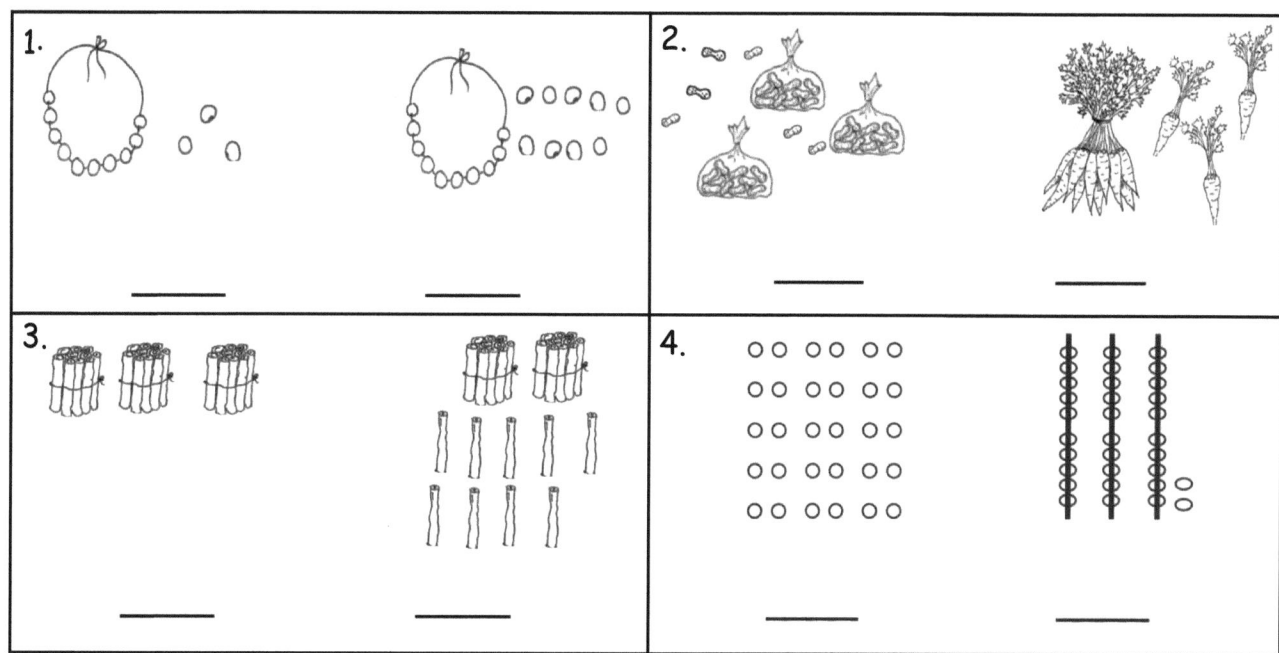

1. ______ ______	2. ______ ______
3. ______ ______	4. ______ ______

5. Շրջանակի մեջ վերցեք թիվը, որն *ավելի մեծ է* յուրաքանչյուր զույգում:

ա. 1 տաս 2 մեկեր 3 տասեր 2 մեկեր

բ. 2 տասեր 8 մեկեր 3 տասեր 2 մեկեր

գ. 19 15

դ. 31 26

6. Շրջանակի մեջ առեք մետաղադրամների հավաքածուն, որն ունի *ավելի մեծ* արժեք:

3 ցենտանոց մետաղադրամ

3 մետաղադրամ

Դաս 7. Համեմատեք երկու քանակները և գտեք երկու տրված թվերից ավելի մեծը կամ ավելի փոքրը:

47

Յուրաքանչյուր զույգի համար գրեք յուրաքանչյուր հավաքածուի իրերի քանակը: Շրջանակի մեջ առեք այն հավաքածուն, որն ունի *ավելի քիչ* իրեր:

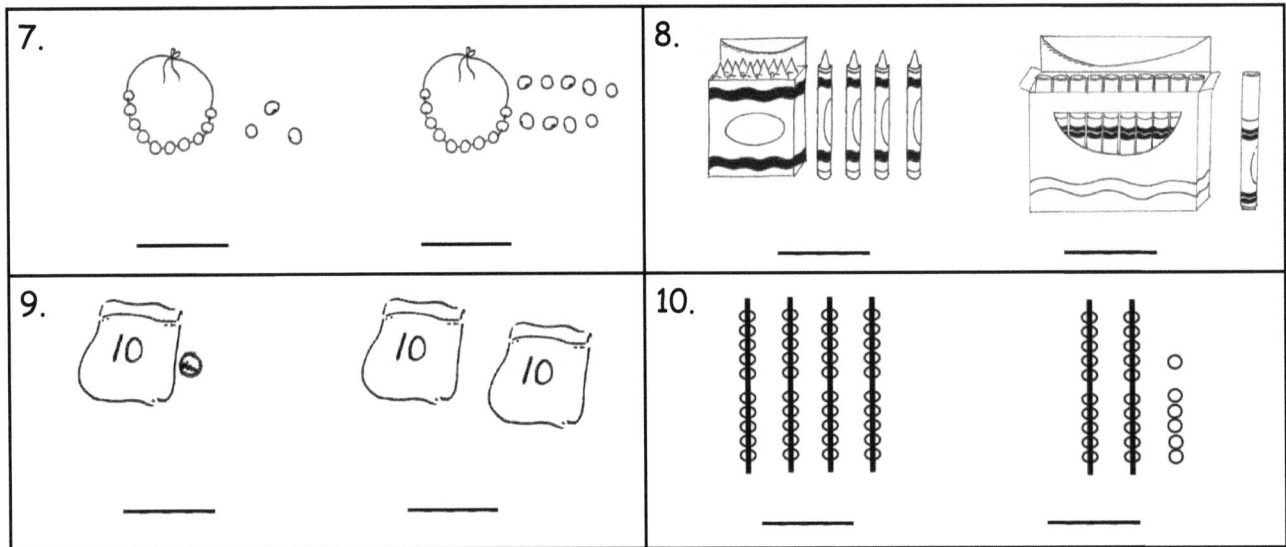

7.

____

____

8.

____

____

9.

____

____

10.

____

____

11 Շրջանակի մեջ առեք թիվը, որն ավելի *փոքր է* յուրաքանչյուր զույգի համար:

ա. 2 տասեր 5 մեկեր 1 տաս 5 մեկեր

բ. 2 մեկեր 8 մեկեր 3 տասեր 2 մեկեր

գ. 18 13

դ. 31 26

12. Շրջանակի մեջ վերցրեք մետաղադրամների այն հավաքածուն, որն ունի *ավելի քիչ* արժեք:

1 տասը ցենտանոց մետաղադրամ 2 մետաղադրամ

1 մետաղադրամ 2 տասը ցենտանոց մետաղադրամ

13. Շրջանակի մեջ վերցրեք *գումարը, որն ավելի քիչ է:* Գծեք կամ գրեք՝ ցույց տալու համար, թե ինչպես իմացաք:

32 17

48 Դաս 7. Համեմատեք երկու քանակները և գտեք երկու տրված թվերից ավելի մեծը կամ ավելի փոքրը: EUREKA MATH

Անուն _____ Ամսաթիվ _____

1. Գրեք յուրաքանչյուր հավաքածուի իրերի քանակը: Ապա շրջանակի մեջ վերցրեք այն հավաքածուն, որն *ավելի մեծ է* թվերով: Պնդում գրեք՝ համեմատելու երկու հավաքածուները:

   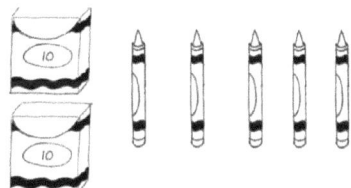

_____   _____

_____ ավելի մեծ է, քան _____:

2. Գրեք յուրաքանչյուր հավաքածուի իրերի քանակը: Ապա շրջանակի մեջ վերցրեք այն հավաքածուն, որն *ավելի փոքր է* թվերով: Ասեք պնդում, որ համեմատում է երկու հավաքածուները:

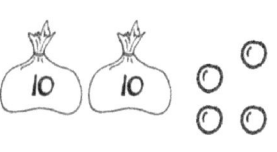   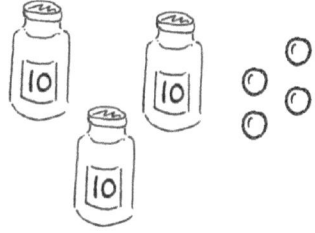

_____   _____

_____ ավելի փոքր է, քան _____:

3. Շրջանակի մեջ առեք մետաղադրամների հավաքածուն, որն ունի ավելի մեծ արժեք:

4. Շրջանակի մեջ վերցրեք մետաղադրամների հավաքածուն, որն ունի ավելի քիչ արժեք:

Կարդացեք

Անտոնը հավաքեց 25 ելակ: Նա հավաքեց ևս մի քանի ելակ:

Հետո նա ուներ 35 ելակ:

ա. Օգտագործեք տեղի արժեքների աղյուսակը՝ ցույց տալու համար, թե քանի ելակ հավաքեց Անտոնը:

բ. Պնդում գրեք՝ համեմատելով ելակների երկու հաշիվները, օգտագործելով հետևյալ արտահայտություններից որևէ մեկը՝ *մեծ է քան*, *փոքր է քան* կամ *հավասար է*:

Նկարեք

Գրեք

_____

_____

_____

Անուն ______________________ Ամսաթիվ ____________

Բառերի բանկ

մեծ է, քան
փոքր է, քան
հավասար է

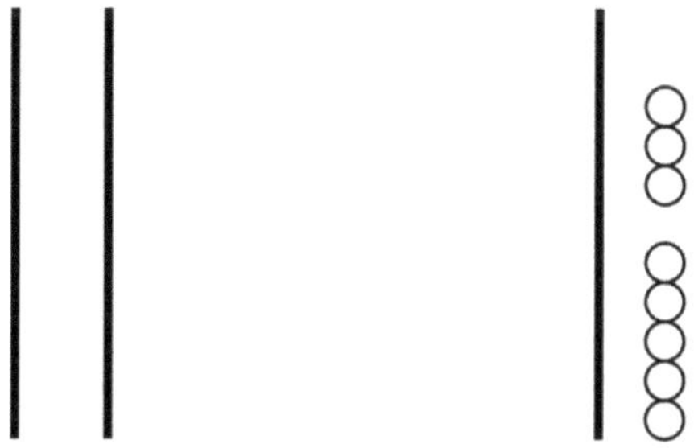

1. Գրեք արագ տասեր և մեկեր՝ ցույց տալու համար յուրաքանչյուր թիվը: Նշեք առաջին նկարը, որպես *փոքր է քան (L)*, *մեծ է քան (G)* կամ *հավասար է (E)* երկրորդին: Բառարանից արտահայտություն գրեք՝ համեմատելու համար թվերը:

ա.

20 ______________________ 18

բ. 2 տասեր 3 տասեր

2 տասեր ______________ 3 տասեր

c. 24 15

24 ______________________ 15

d. 26 32

26 ______________________ 32

2. Բառարանից արտահայտություն գրեք՝ համեմատելու համար թվերը:

36 ______________________ 3 տասեր 6 մեկեր

1 տաս 8 մեկեր ______________________ 3 տասեր 1 մեկ

38 ______________________ 26

1 տաս 7 մեկեր ______________________ 27

15 ______________________ 1 տաս 2 մեկեր

30 ______________________ 28

29 ______________________ 32

3. Դասավորեք հետևյալ թվերը՝ *ամենափոքրից* դեպի *ամենամեծը*: Ջնջեք յուրաքանչյուր թիվը՝ այն օգտագործելուց հետո:

9	40	32	13	23

4. Դասավորեք հետևյալ թվերը՝ *ամենափոքրից* դեպի *ամենամեծը*: Ջնջեք յուրաքանչյուր թիվը՝ այն օգտագործելուց հետո:

9	40	32	13	23

5. Օգտագործեք 8, 3, 2, և 7 թվանշանները՝ 40-ից պակաս 4 տարբեր երկնիշ թվեր ստանալու համար: Գրեք դրանք *ամենամեծից* դեպի *ամենափոքրը*:

8 3 2 7

Օրինակներ. 32, 27,...

EUREKA MATH

Անուն ________________________ Ամսաթիվ ______________

1. Գրեք թվերը *ամենամեծից* դեպի *ամենափոքրը*:

	40	
39		29
	30	

____ ____ ____ ____

2. Լրացրեք արտահայտությունների շրջանակները՝ օգտագործելով բառարանից արտահայտություններ՝ երկու թվերը համեմատելու համար:

Բառերի բանկ

մեծ է, քան
փոքր է, քան
հավասար է

ա. 17 ______________________ 24

բ. 23 ______________________ 2 տասեր 3 մեկեր

գ. 29 ______________________ 20

ՄԻԱՎՈՐՆԵՐԻ ՊԱՏՄՈՒԹՅՈՒՆ — Դաս 9 Գործնական խնդիր 1•4

Կարդացեք

Կարլն ունի քարերի հավաքածու: Նա հավաքեց ևս 10 քար: Հիմա նա ունի 31 քար: Քանի՞ քար ուներ նա սկզբում:

ա. Օգտագործեք տեղի արժեքների աղյուսակը՝ ցույց տալու, թե քանի՞ քար ուներ Կարլը սկզբում:

բ. Պնդում գրեք՝ համեմատելով, թե քանի՞ քարով սկսեց և ավարտեց Կարլը՝ օգտագործելով հետևյալ արտահայտություններից որևէ մեկը. *մեծ է քան*, *փոքր է քան* կամ *հավասար է*:

Նկարեք

ՄԻԱՎՈՐՆԵՐԻ ՊԱՏՄՈՒԹՅՈՒՆ Դաս 9 Գործնական խնդիր 1•4

Գրեք

_____

_____

_____

ՄԻԱՎՈՐՆԵՐԻ ՊԱՏՄՈՒԹՅՈՒՆ   Դաս 9 Խնդիրներ   1•4

Անուն _____   Ամսաթիվ _____

1. Շրջանակի մեջ վերցրեք կոկորդիլոսին, որն ունում է *ավելի մեծ* թիվը։

| a. 40 > 20 | b. 10 > 30 | c. 18 > 14 | d. 19 > 36 |

2. Գրեք թվերը դատարկ տեղերում, այնպես որ կոկորդիլոսն ուտի *ավելի մեծ* թիվը։ Ընկերոջ հետ համեմատեք թվերը բարձրաձայն՝ օգտագործելով *մեծ է քան*, *փոքր է քան* կամ *հավասար է*։ Հիշեք, որ սկսեք ձախ կողմի թվանշանից։

| a. 24   4 ___ > ___ | b. 38   36 ___ < ___ | c. 15   14 ___ < ___ |

| d. 20   2 ___ > ___ | e. 36   35 ___ < ___ | f. 20   19 ___ > ___ |

| g. 31   13 ___ > ___ | h. 23   32 ___ < ___ | i. 21   12 ___ < ___ |

Դաս 9. Օգտագործեք >, = և < նշանները՝ քանակները և թվերը համեմատելու համար։

3. Եթե կոկորդիլոսն ուտում է *ավելի մեծ* թիվը՝ շրջանակի մեջ վերցրեք այն: Եթե ոչ, ուրեմն նորից նկարեք կոկորդիլոսին:

a.

20 19

b.

32 23

4. Լրացրեք աղյուսակներն այնպես, որ կոկորդիլոսն ուտի *ավելի մեծ* թիվը:

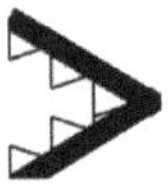

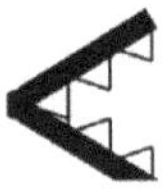

a.

տասեր	մեկեր
1	2

տասեր	մեկեր
1	

b.

տասեր	մեկեր
2	7

տասեր	մեկեր
2	

c.

տասեր	մեկեր
2	5

տասեր	մեկեր
	5

d.

տասեր	մեկեր
	8

տասեր	մեկեր
3	8

e.

տասեր	մեկեր
2	1

տասեր	մեկեր
2	

f.

տասեր	մեկեր
2	4

տասեր	մեկեր
	4

g.

տասեր	մեկեր
1	8

տասեր	մեկեր
	5

h.

տասեր	մեկեր
2	1

տասեր	մեկեր
	9

i.

տասեր	մեկեր
	7

տասեր	մեկեր
2	1

j.

տասեր	մեկեր
1	4

տասեր	մեկեր
	4

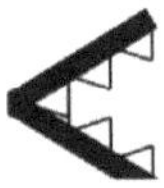

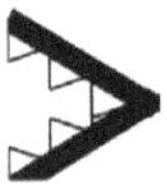

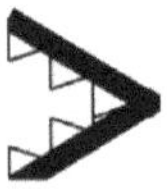

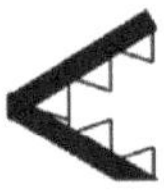

Անուն _____ Ամսաթիվ _____

Գրեք թվերը դատարկ տեղերում, այնպես որ կոկորդիլոսն ուտի ամենամեծ թիվը։ Կարդացեք թվային հաջորդականությունը՝ օգտագործելով *ավելի մեծ է քան*, *փոքր է քան* կամ *հավասար է* արտահայտությունները։ Հիշեք, որ սկսեք ձախ կողմի թվանշանից։

a. 12 10 > ___ ___	b. 22 24 < ___ ___	c. 17 25 > ___ ___
d. 13 3 > ___ ___	e. 27 28 > ___ ___	f. 30 21 < ___ ___
g. 12 21 > ___ ___	h. 31 13 < ___ ___	i. 32 23 < ___ ___

Կարդացեք

Էլենն ու Մայքը հավաքել են հապալասներ: Էլենն ուներ 19 հապալաս և կերավ դրանցից 10-ը: Մայքն ուներ 13-ը և հավաքեց ևս 7-ը: Համեմատեք Էլենի և Մայքի հապալասներն, երբ Էլենը կերավ մի քանիսը, իսկ Մայքն հավաքեց մի քանիսը:

a. Օգտագործեք նկարներ և բառեր՝ ցույց տալու համար, թե քանի հապալաս ունի յուրաքանչյուրը:

b. Օգտագործեք *մեծ է քան, կամ փոքր է քան տերմինը* ձեր պնդման մեջ:

Նկարեք

Գրեք

Անուն ______________________________ Ամսաթիվ ______________

1. Օգտագործեք նշանները՝ թվերը համեմատելու համար: Լրացրեք բաց թողնված տեղը <, > կամ = նշաններով՝ իրական թվային արտահայտություն կազմելու համար: Կարդացեք թվային արտահայտությունները՝ ձախից դեպի աջ:

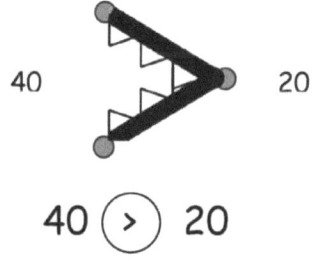

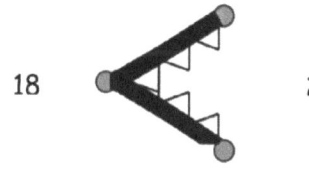

40 20

18 20

40 (>) 20

40-ն ավելի մեծ է, քան 20-ը:

18 (<) 20

18-ն ավելի փոքր է, քան 20-ը:

a. 27 ◯ 24	b. 31 ◯ 28	c. 10 ◯ 13
d. 13 ◯ 15	e. 31 ◯ 29	f. 38 ◯ 18
g. 27 ◯ 17	h. 32 ◯ 21	i. 12 ◯ 21

ՄԻԱՎՈՐՆԵՐԻ ՊԱՏՄՈՒԹՅՈՒՆ   Դաս 10 Խնդիրներ   1•4

2. Շրջանակի մեջ վերցրեք ճիշտ բառերը, որպեսզի նախադասությունը ճիշտ լինի: Օգտագործեք >, < կամ = և թվեր՝ ճիշտ թվային արտահայտություն գրելու համար: Առաջինը արված է:

a.
36   մեծ է, քան / փոքր է, քան / (հավասար է)   3 տասեր 6 մեկեր

   36   =   36

b.
1 տաս 4 մեկեր   մեծ է, քան / փոքր է, քան / հավասար է   17

   ___   ◯   ___

c.
տասեր 4 մեկեր   մեծ է, քան / փոքր է, քան / հավասար է   34

   ___   ◯   ___

d.
20   մեծ է, քան / փոքր է, քան / հավասար է   2 տասեր 0 մեկեր

   ___   ◯   ___

e.
31   մեծ է, քան / փոքր է, քան / հավասար է   13

   ___   ◯   ___

f.
12   մեծ է, քան / փոքր է, քան / հավասար է   21

   ___   ◯   ___

g.
17   մեծ է, քան / փոքր է, քան / հավասար է   3 մեկեր 1 տաս

   ___   ◯   ___

h.
30   մեծ է, քան / փոքր է, քան / հավասար է   0 տասեր 30 մեկեր

   ___   ◯   ___

Դաս 10.   Օգտագործեք >, = և < նշանները՝ քանակները և թվերը համեմատելու համար:

Անուն ______________________________ Ամսաթիվ ______________

Շրջանակի մեջ վերցրեք ճիշտ բառերը, որպեսզի նախադասությունը ճիշտ լինի:
Օգտագործեք >, <, կամ= և թվեր՝ ճիշտ թվային արտահայտություն գրելու համար:

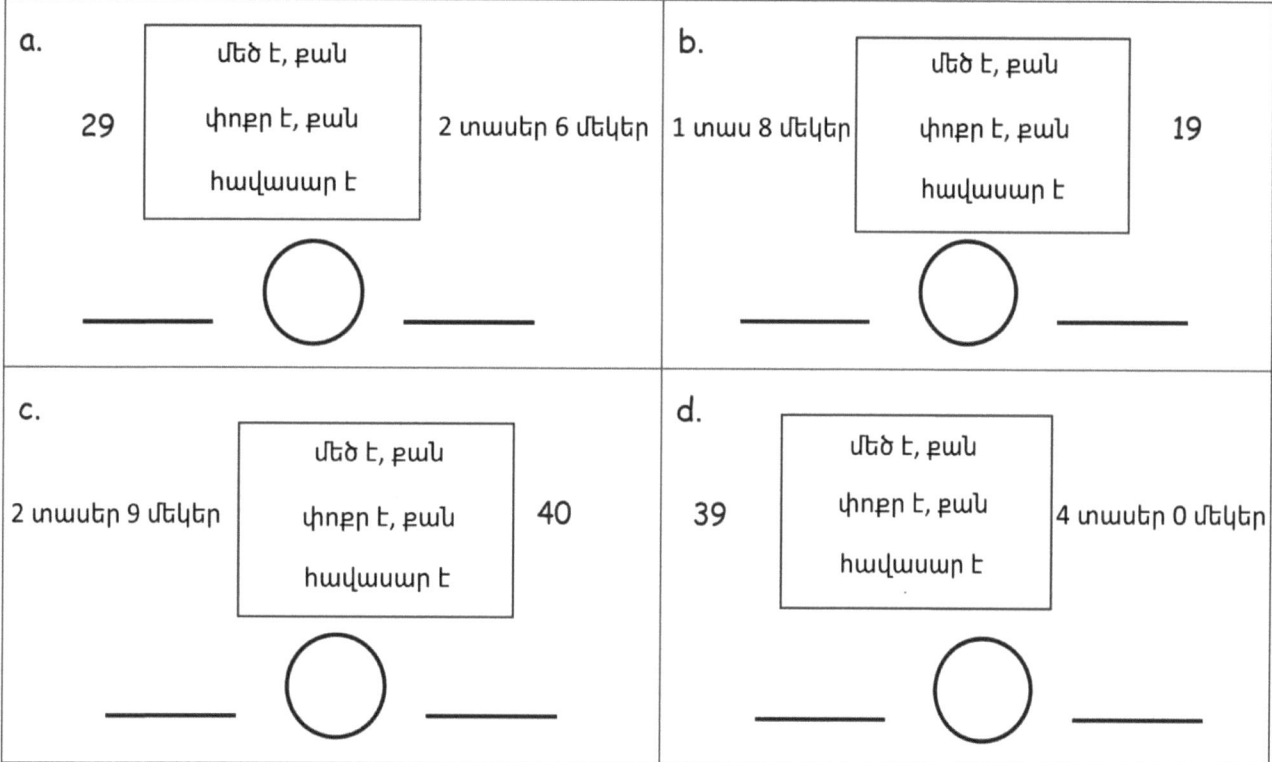

a. 29 [մեծ է, քան / փոքր է, քան / հավասար է] 2 տասեր 6 մեկեր ______ ◯ ______	b. 1 տաս 8 մեկեր [մեծ է, քան / փոքր է, քան / հավասար է] 19 ______ ◯ ______
c. 2 տասեր 9 մեկեր [մեծ է, քան / փոքր է, քան / հավասար է] 40 ______ ◯ ______	d. 39 [մեծ է, քան / փոքր է, քան / հավասար է] 4 տասեր 0 մեկեր ______ ◯ ______

Կարդացեք

Շարոնն ունի 3 տաս ցենտանոց մետաղադրամ և 1 մետաղադրամ։ Միան ունի 1 տաս ցենտանոց մետաղադրամ և 3 մետաղադրամ։ Ու՞մ գումարի քանակն է ավելի մեծ արժեքով։

Գծեք

Գրեք

_____

_____

_____

Անուն _____   Ամսաթիվ _____

Լրացրեք թվային զույգերը և թվային արտահայտությունները՝ համաձայն պատկերի:
Առաջինը արված է:

1.

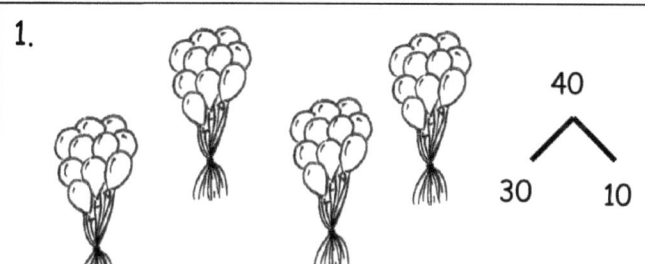

3 տասեր + 1 տաս = 4 տասեր
30 + 10 = 40

2.

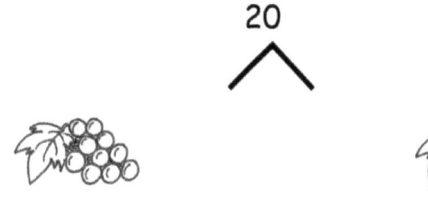

____ տասը + ____ տասը = ____ տասեր

_____

3.

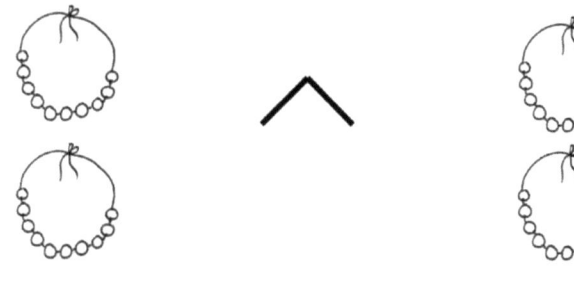

____ տասեր = ____ տասեր + ____ տասեր

_____

4.

____ տասեր = ____ տասեր + ____ տաս

_____

5.

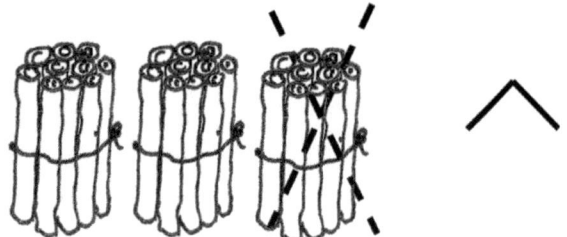

____ տասեր - ____ տաս = ____ տասեր

____

6.

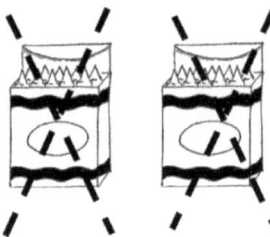

____ տասեր - ____ տասեր = ____ տասեր

____

7.

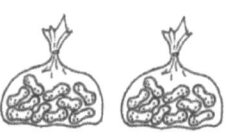

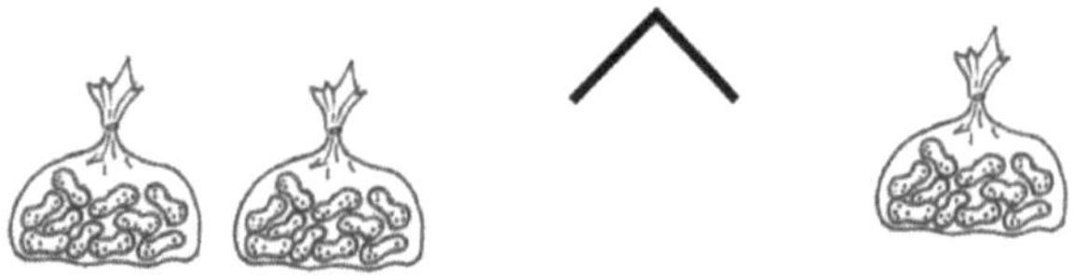

____ տասեր + ____ տաս = ____ տասեր

____

8.

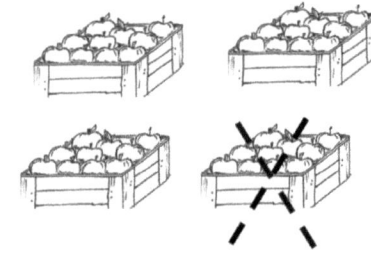

____ տասեր - ____ տասը = ____ տասեր

____ + ______________________________

9.

____ տասեր - ____ տասեր = ____ տաս

____

10.

____ տասը - ____ տասեր = ____ տասը

____

EUREKA MATH

11. Լրացրեք բացակայող թվերը։ Համապատասխանեցրեք փոխկապակցված գումարումը և հանման փաստերը։

   ա. 4 տասեր - 2 տասեր = _____   2 տասեր + 1 տասը = 3 տասեր

   բ. 40 – 30 = _____   30 + 10 = 40

   գ. 30 – 20 = _____   20 + 20 = 40

12. Լրացրեք բացակայող թվերը։

   ա. 20 + 20 = _____   բ. 30 – 20 = _____   գ. 10 + _____ = 40

   դ. 20 – _____ = 0   ե. 40 – _____ = 10   զ. _____ + _____ = 30

Անուն ______________________ Ամսաթիվ ______________

Լրացրեք թվային կապերը և թվային արտահայտությունները:

1.

20

1 տասը + 1 տասը= __________ տասեր

______ + ______ =

2.

______ տասեր = ______ տասեր + _____ տաս

________ = ________ + ________

3.

_____ տասեր - _____ տասը = _____ տասեր

______ - ______ = ______

4.

______ տասեր - _____ տասեր = _____ տասեր

________ - ________ = ________

EUREKA MATH

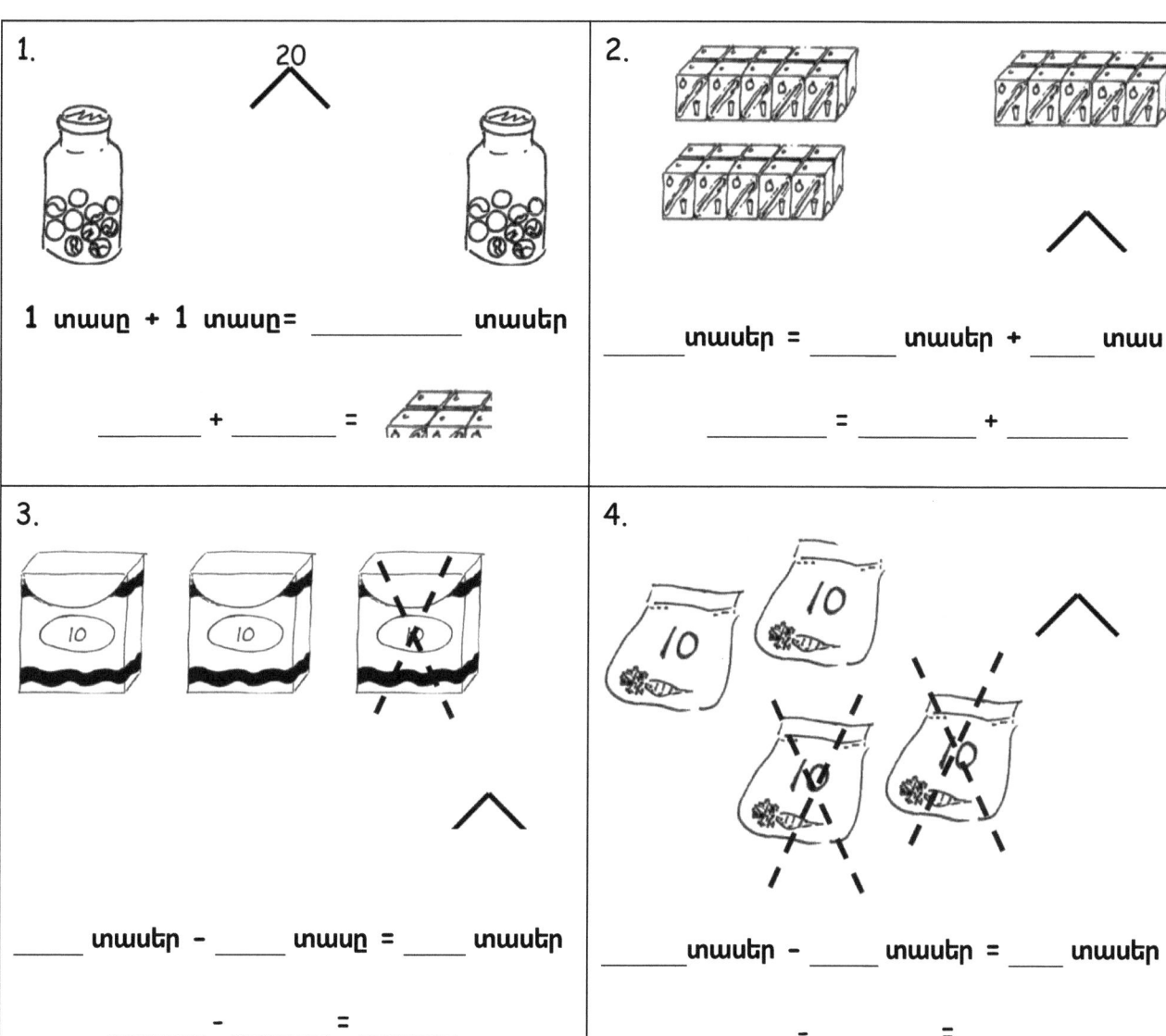

ՄԻԱՎՈՐՆԵՐԻ ՊԱՏՄՈՒԹՅՈՒՆ　　　　　　　　　　Դաս 11 Ձևանմուշ　1•4

___◯___◯___

___տասեր ◯_____ մեկեր ◯_____ ՛տասեր

___◯___◯___

թվային կապ/թվային արտահայտությունների հավաքածու

Դաս 11 .　　Գումարեք և հանեք տասեր 10-ի բազմապատիկից:

Կարդացեք

Թոմասն ունի թղթե ամրակների մի տուփ։ Նա օգտագործեց դրանցից 10-ը իր մեծ գրքի երկարությունը չափելու համար։ Տուփում դեռ կա 20 թղթե ամրակ։ Սլաքի ուղղությամբ նշված վանդակներում բացատրեք, թե քանի՞ ամրակ կար տուփում սկզբից։

Նկարեք

ՄԻԱՎՈՐՆԵՐԻ ՊԱՏՄՈՒԹՅՈՒՆ Դաս 12 Գործնական խնդիր 1•4

Գրեք

_____

_____

_____

Դաս 12. Երկնիշ թվին ավելացրեք տասեր։

Անուն ______________________ Ամսաթիվ ____________

Լրացրեք բաց թողնված թվերը՝ նկարին համապատասխանեցնելու համար: Գրեք համապատասխանող թվային կապը:

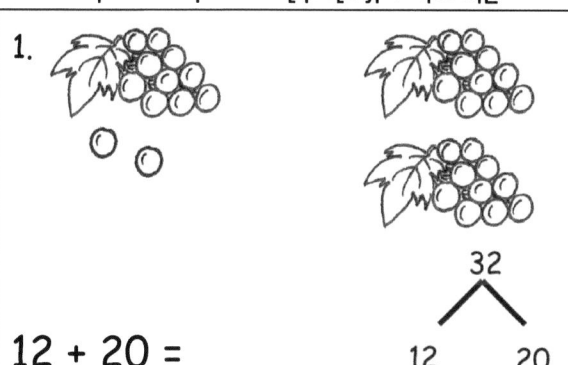

1.

12

12 + 20 = ______

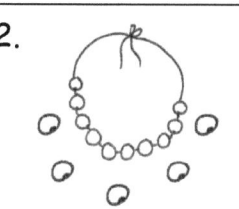

2.

15 + ______ = ______

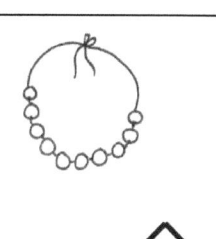

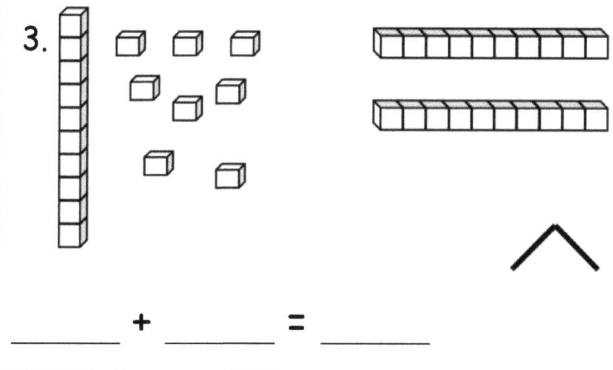

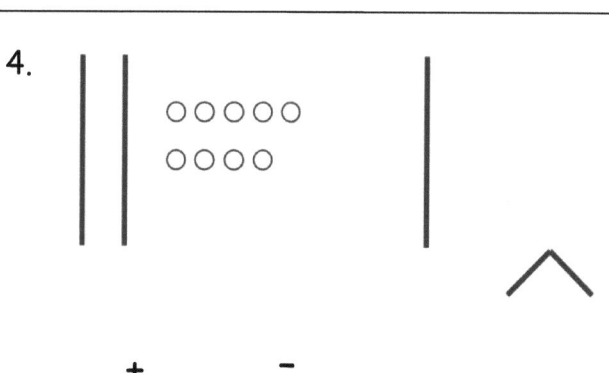

3.

______ + ______ = ______

4.

______ + ______ = ______

Նկարեք՝ օգտագործելով տասնյակներ և միավորներ: Լրացրեք թվային կապը և գրեք ամբողջը՝ տեղի արժեքների աղյուսակում և թվային արտահայտությունում:

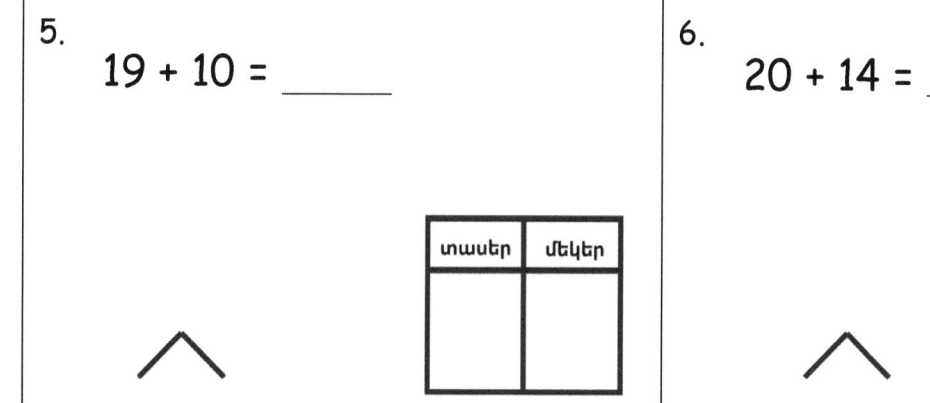

5. 19 + 10 = ______

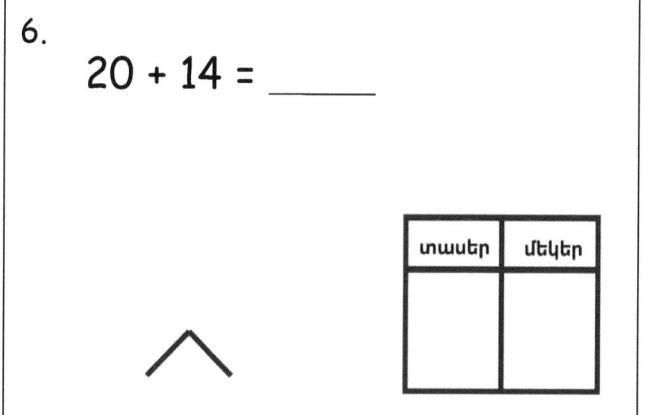

տասեր	մեկեր

6. 20 + 14 = ______

տասեր	մեկեր

EUREKA MATH Դաս 12. Երկնիշ թվին ավելացրեք տասեր: 81

Օգտագործեք սլաքների նշանները՝ լուծելու համար:

7. 13 →[+10]→ _____

8. 19 →[+ ☐]→ 39

9. _____ →[+10]→ 26

10. _____ →[+20]→ 38

Օգտագործեք տաս ցենտանոց մետաղադրամներ և մետաղադրամներ՝ լրացնելու համար տեղային արժեքների աղյուսակներ և թվային արտահայտություններ:

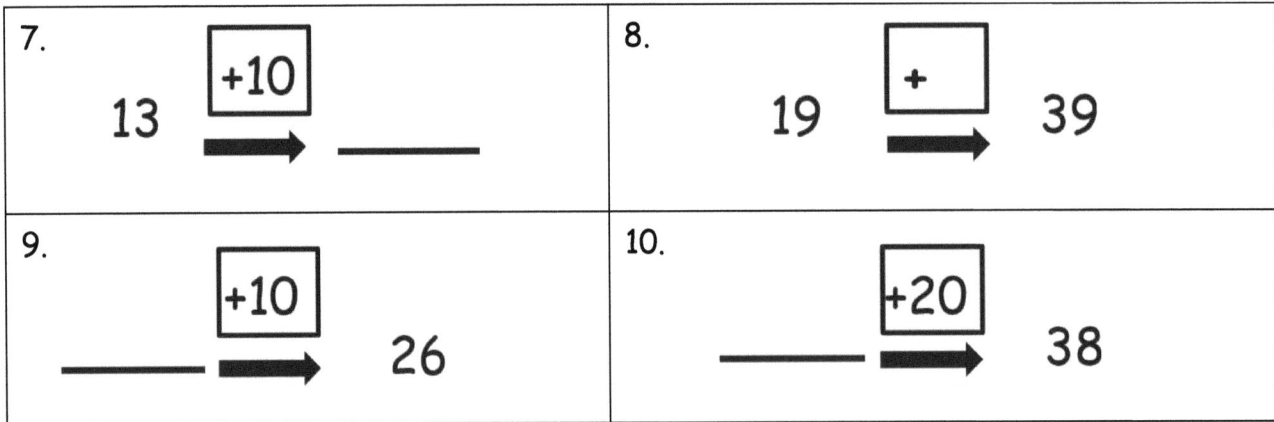

11.

տասեր	մեկեր

+

տասեր	մեկեր

=

տասեր	մեկեր

12.

տասեր	մեկեր

+

տասեր	մեկեր

=

տասեր	մեկեր

Դաս 12. Երկնիշ թվին ավելացրեք տասեր:

Անուն ______________________________ Ամսաթիվ ______________

Լրացրեք թվային արտահայտությունները: Օգտագործեք արագ տասերը, սլաքի եղանակը կամ մետաղադրամները, որպեսզի ցույց տաք ձեր մտածողությունը:

28 + 10 = _____

19 $\xrightarrow{+\ \square}$ 39

14 + 20 = _____

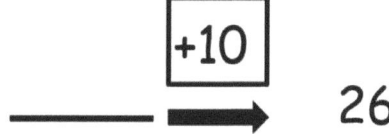

_____ $\xrightarrow{+10}$ 26

EUREKA MATH Դաս 12. Երկնիշ թվին ավելացրեք տասեր: 83

Օգտագործեք կապակցված խորանարդներ, երբ կարդում, նկարում և գրում եք (ԿՆԳ)՝ խնդիրները լուծելու համար:

Կարդացեք

ա. Էմին ուներ կապակցված խորանարդներով գնացք՝ 4 կապույտ խորանարդներով և 2 կարմիր խորանարդներով: Քանի՞ խորանարդ կար նրա գնացքում:

բ. Էմին պատրաստեց մեկ այլ գնացք՝ 6 դեղին խորանարդներով և մի քանի կանաչ խորանարդներով: Գնացքը պատրաստված էր 9 կապակցված խորանարդից: Քանի՞ կանաչ խորանարդ նա օգտագործեց:

գ. Էմին ցանկանում է փոխել իր 9 կապակցված խորանարդով գնացքը՝ 15 կապակցված խորանարդով գնացքի: Քանի՞ խորանարդ է անհրաժեշտ Էմիին:

Նկարեք

ՄԻԱՎՈՐՆԵՐԻ ՊԱՏՄՈՒԹՅՈՒՆ   Դաս 13 Գործնական խնդիր   1•4

Գրեք

_____

_____

_____

Դաս 13.   Օգտագործեք հաշվելու և տասը կազմելու ռազմավարությունը՝ տասի անցումով գումարելիս։

Անուն ____________________ Ամսաթիվ __________

Օգտագործեք նկարները՝ լրացնելու համար տեղի արժեքների աղյուսակը և թվային արտահայտությունը: 5 և 6 խնդիրները լուծելու համար կազմեք արագ տասի գծագիր:

1.

տասեր	մեկեր

22 + 6 = ______

2.

տասեր	մեկեր

______ + 3 = ______

3.

տասեր	մեկեր

12 + ______ = ______

4.

տասեր	մեկեր

______ + ______ = ______

5.

տասեր	մեկեր

24 + 6 = ______

6.

տասեր	մեկեր

24 + 3 = ______

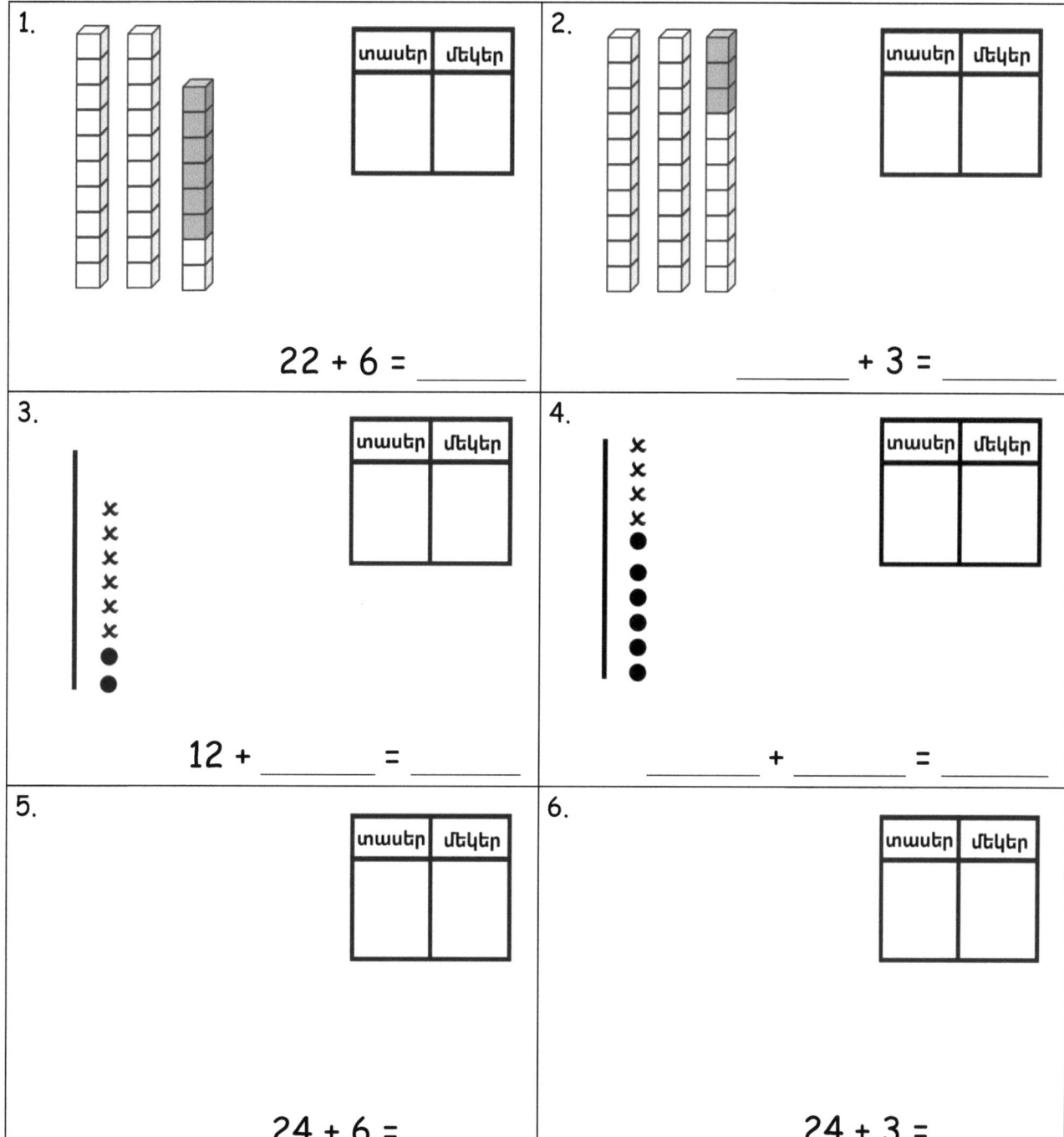

ՄԻԱՎՈՐՆԵՐԻ ՊԱՏՄՈՒԹՅՈՒՆ   Դաս 13 Խնդիրներ 1•4

Գծեք արագ տասերը, մեկերը և թվային կապերը՝ լուծելու համար: Լրացրեք տեղի արժեքների աղյուսակը:

7. 21 + 9 = _____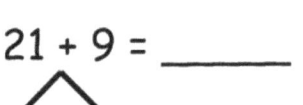

տասեր	մեկեր

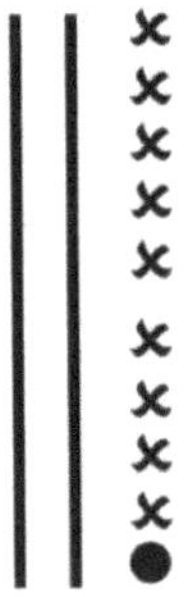

8. 21 + 7 = _____

տասեր	մեկեր

9. 13 + 7 = _____

տասեր	մեկեր

10. 26 + 4 = _____

տասեր	մեկեր

11. 32 + 3 = _____

տասեր	մեկեր

12. 38 + 2 = _____

տասեր	մեկեր

Անուն ____________________ Ամսաթիվ ____________

Լրացրեք տեղի արժեքների աղյուսակը և գրեք թվային արտահայտություն՝ համապատասխանեցնելու համար նկարը:

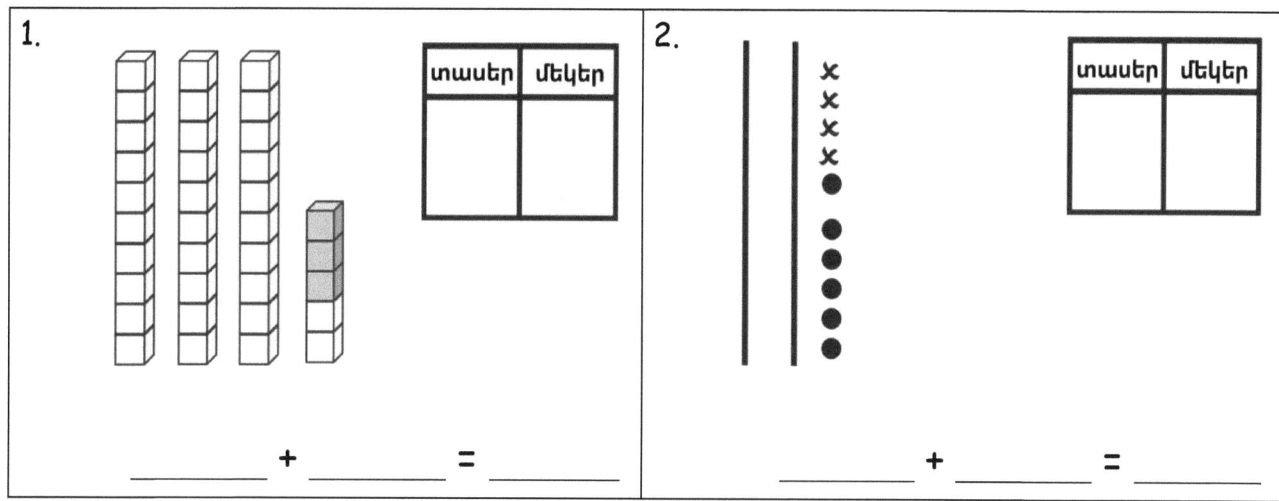

1.

տասեր	մեկեր

_______ + _______ = _______

2.

տասեր	մեկեր

_______ + _______ = _______

Գծեք արագ տասերը, մեկերը և թվային կապերը՝ լուծելու համար: Լրացրեք տեղի արժեքների աղյուսակը:

3.

33 + 6 = _______

տասեր	մեկեր

4.

23 + 7 = _______

տասեր	մեկեր

Դաս 13. Օգտագործեք հաշվելու և տասը կազմելու ռազմավարությունը՝ տասի անցումով գումարելիս:

Օգտագործեք կապակցված խորանարդներ և ԿՆԳ մեթոդը՝ այս խնդիրներից մեկը կամ մի քանիսը լուծելու համար:

Կարդացեք

ա. Էմին ունի կապակցված խորանարդներից գնացք՝ 7 խորանարդով: Նա ավելացրեց 4 խորանարդ իր գնացքին: Քանի՞ խորանարդ կա նրա կապակցված խորանարդներով գնացքում:

բ. Էմին կապակցված խորանարդներից մեկ այլ գնացք է պատրաստում: Նա սկսում է 7 խորանարդով և ավելացնում ևս մի քանի խորանարդ, որպեսզի նրա գնացքն ունենա 9 խորանարդ երկարություն: Քանի՞ խորանարդ ավելացրեց Էմին:

գ. Էմին կապակցված խորանարդներից ևս մեկ գնացք է պատրաստում: Այն պատրաստված էր 8 խորանարդից: Նա հանեց մի քանի խորանարդ, դրանից հետո գնացքն ուներ 4 խորանարդ երկարություն: Քանի՞ խորանարդ հանեց Էմին:

ՄԻԱՎՈՐՆԵՐԻ ՊԱՏՄՈՒԹՅՈՒՆ | Դաս 14 Գործնական խնդիր | 1•4

Նկարեք

Գրեք

_____

_____

_____

Դաս 14. Օգտագործեք հաշվելու և տասը կազմելու ռազմավարությունը՝ տասի անցումով գումարելիս:

Անուն _____ Ամսաթիվ _____

Օգտագործեք նկարներ կամ նկարեք արագ տասեր և մեկեր։ Լրացրեք թվային հաջորդականությունը և տեղի արժեքների աղյուսակը։

1.
18 + 1 = _____

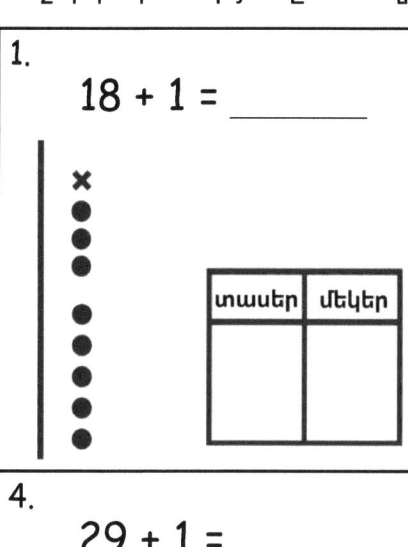

տասեր	մեկեր

2.
18 + 2 = _____

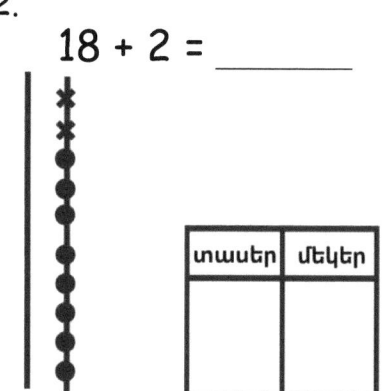

տասեր	մեկեր

3.
18 + 5 = _____

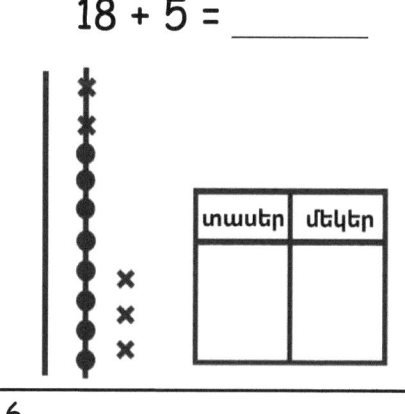

տասեր	մեկեր

4.
29 + 1 = _____

տասեր	մեկեր

5.
29 + 3 = _____

տասեր	մեկեր

6.
29 + 6 = _____

տասեր	մեկեր

7.
16 + 4 = _____

տասեր	մեկեր

8.
16 + 6 = _____

տասեր	մեկեր

9.
26 + 6 = _____

տասեր	մեկեր

Դաս 14. Օգտագործեք հաշվելու և տասը կազմելու ռազմավարությունը՝ տասի անցումով գումարելիս։

ՄԻԱՎՈՐՆԵՐԻ ՊԱՏՄՈՒԹՅՈՒՆ   Դաս 14 Խնդիրներ   1•4

Լուծման համար կազմեք թվային կապ։ Ցույց տվեք ձեր մտածելակերպը՝ թվային հաջորդականություններով կամ սլաքների եղանակով։ Լրացրեք տեղի արժեքների աղյուսակը։

10.
17 + 2 = _____

տասեր	մեկեր

11.
17 + 5 = _____

տասեր	մեկեր

12.
25 + 4 = _____

տասեր	մեկեր

13.
25 + 6 = _____

տասեր	մեկեր

14.
34 + 4 = _____

տասեր	մեկեր

15.
34 + 8 = _____

տասեր	մեկեր

Դաս 14.   Օգտագործեք հաշվելու և տասը կազմելու ռազմավարությունը՝ տասի անցումով գումարելիս։

ՄԻԱՎՈՐՆԵՐԻ ՊԱՏՈՒԹՅՈՒՆ Դաս 14 Ստուգողական աշխատանք 1•4

Անուն _____   Ամսաթիվ _____

Նկարեք արագ տասեր և մեկեր։ Լրացրեք թվային հաջորդականությունը և տեղի արժեքների աղյուսակը:

1.
17 + 1 = _____

տասեր	մեկեր

2.
17 + 3 = _____

տասեր	մեկեր

3.
17 + 6 = _____

տասեր	մեկեր

Լուծման համար կազմեք թվային կապ: Ցույց տվեք ձեր մտածելակերպը՝ թվային հաջորդականություններով կամ սլաքների եղանակով: Լրացրեք տեղի արժեքների աղյուսակը:

4.
32 + 7 = _____

տասեր	մեկեր

5.
26 + 9 = _____

տասեր	մեկեր

Դաս 14. Օգտագործեք հաշվելու և տասը կազմելու ռազմավարությունը՝ տասի անցումով գումարելիս:

Օգտագործեք ԿՆԳ մեթոդը՝ լուծելու համար խնդիրներից մեկը կամ մի քանիսը:

Կարդացեք

ա. Էմին ունի կապակցված խորանարդների գնացք՝ 6 խորանարդով: Նա ավելացրեց 3 խորանարդ իր գնացքին: Քանի՞ խորանարդ կա նրա կապակցված խորանարդներով գնացքում:

բ. Էմին կապակցված խորանարդներից մեկ այլ գնացք է պատրաստում: Նա սկսում է 7 խորանարդով, ապա ավելացնում ևս մի քանի խորանարդ, որպեսզի նրա գնացքն ունենա 12 խորանարդ երկարություն: Քանի՞ խորանարդ ավելացրեց Էմին:

գ. Էմին կապակցված խորանարդներից ևս մեկ գնացք է պատրաստում: Այն պատրաստված էր 12 կապակցված խորանարդից: Նա հանեց մի քանի խորանարդ, դրանից հետո գնացքն ուներ 4 խորանարդ երկարություն: Քանի՞ խորանարդ հանեց Էմին:

Նկարեք

ՄԻԱՎՈՐՆԵՐԻ ՊԱՏՄՈՒԹՅՈՒՆ   Դաս 15 Գործնական խնդիր   1•4

Գրեք

_____

_____

_____

ՄԻԱՎՈՐՆԵՐԻ ՊԱՏՄՈՒԹՅՈՒՆ   Դաս 15 Խնդիրներ   1•4

Անուն _____   Ամսաթիվ _____

Լուծեք խնդիրները:

1. 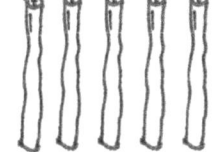 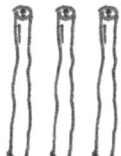   5 + 3 = ____

2. 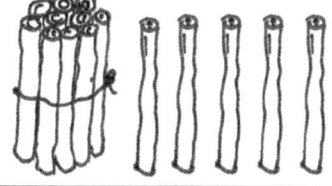 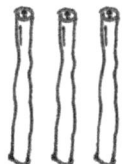   15 + 3 = ____

3. 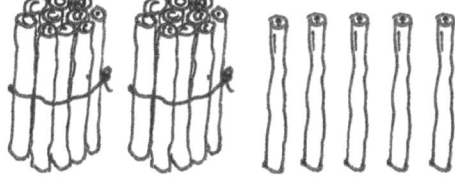 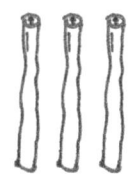   25 + 3 = ____

4. 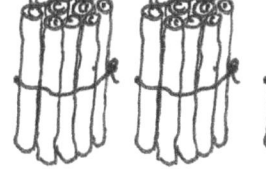 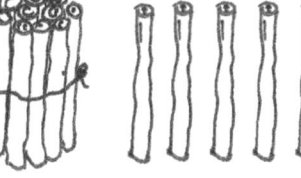    35 + 3 = ____

5.     8 + 4 = ____

6. 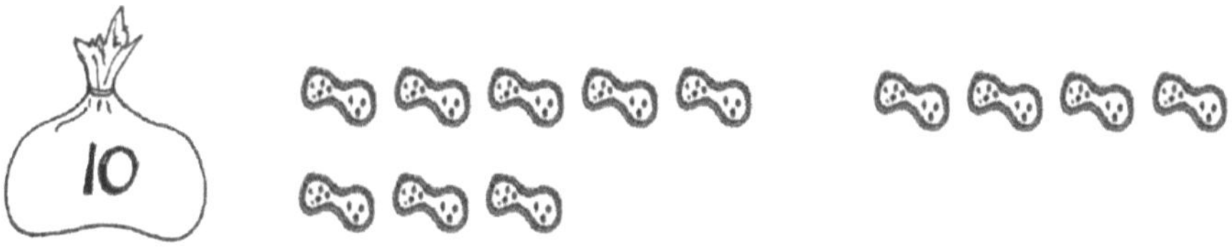    18 + 4 = ____

7.  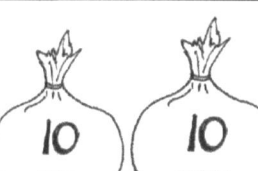   28 + 4 = ____

ՄԻԱՎՈՐՆԵՐԻ ՊԱՏՄՈՒԹՅՈՒՆ Դաս 15 Խնդիրներ 1•4

8. Լուծեք խնդիրները:

ա. 6 + 2 = ___	բ. 16 + 2 = ___	գ. 26 + 2 = ___	դ. 36 + 2 = ___
ե. 6 + 4 = ___	զ. 16 + 4 = ___	է. 26 + 4 = ___	ը. 36 + 4 = ___
թ. 9 + 2 = ___	ժ. 19 + 2 = ___	ի. 29 + 2 = ___	
լ. 8 + 6 = ___	մ. 18 + 6 = ___	ն. 28 + 6 = ___	

Լուծեք խնդիրները: Ցույց տվեք 1-նիշ գումարման արտահայտությունը, որն օգնեց ձեզ լուծել:

9. 23 + 6 = _____   _____

10. 27 + 6 = _____   _____

Անուն ______________________ Ամսաթիվ ____________

1. Լուծեք խնդիրները:

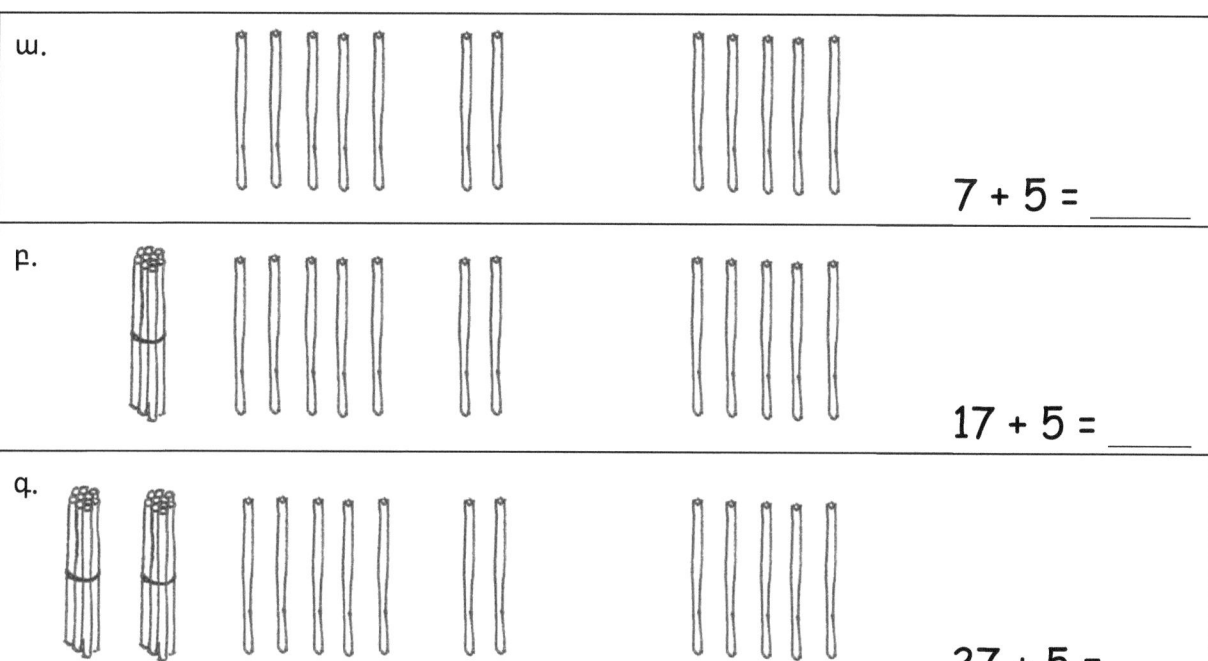

ա.

$7 + 5 =$ ____

բ.

$17 + 5 =$ ____

գ.

$27 + 5 =$ ____

Լուծեք խնդիրները:

2. ա. $5 + 3 =$ ____

բ. $15 + 3 =$ ____

գ. $25 + 3 =$ ____

դ. $35 + 3 =$ ____

3. ա. $5 + 8 =$ ____

բ. $15 + 8 =$ ____

գ. $25 + 8 =$ ____

Օգտագործեք ԿՆԳ մեթոդը՝ խնդիրներից մեկը կամ մի քանիսը լուծելու համար՝ առանց օգտագործելով կապակցված խորանարդները:

Կարդացեք

ա. Էմին ուներ կապակցված խորանարդներից գնացք՝ 14 կապույտ և 2 կարմիր խորանարդներով: Քանի՞ խորանարդ կար նրա գնացքում:

բ. Էմին պատրաստեց մեկ այլ գնացք 16 դեղին խորանարդներով և մի քանի կանաչ խորանարդներով: Գնացքը պատրաստված էր 19 կապակցված խորանարդից: Քանի՞ կանաչ խորանարդ նա օգտագործեց:

գ. Էմին ցանկանում է պատրաստել իր 8 կապակցված խորանարդով գնացքը՝ 17 կապակցված խորանարդով գնացքի: Քանի՞ խորանարդ է անհրաժեշտ Էմիին:

Նկարեք

ՄԻԱՎՈՐՆԵՐԻ ՊԱՏՄՈՒԹՅՈՒՆ   Դաս 16 Գործնական խնդիր   1•4

Գրեք

_____

_____

_____

ՄԻԱՎՈՐՆԵՐԻ ՊԱՏՄՈՒԹՅՈՒՆ

Դաս16 Խնդիրներ 1•4

Անուն _____ Ամսաթիվ _____

Գծեք արագ տասերը և միավորները՝ օգնելու ձեզ լուծել գումարման խնդիրները:

1. 16 + 3 = ____	2. 17 + 3 = ____
3. 18 + 20 = ____	4. 31 + 8 = ____
5. 3 + 14 = ____	6. 6 + 30 = ____
7. 23 + 7 = ____	8. 17 + 3 = ____

Դաս16. Գումարեք մեկերը մեկերին, կամ տասերը՝ տասերին:

Ընկերոջ հետ փորձեք ավելի շատ խնդիրներ՝ օգտագործելով արագ տասի գծագիրը, թվային կապը և սլաքների եղանակը:

9. 32 + 7 = ______

10. 13 + 20 = ______

11. 6 + 34 = ______

12. 4 + 36 = ______

13. 20 + 18 = ______

14. 14 + 20 = ______

15. Նկարեք տաս ցենտանոց մետաղադրամներ և մետաղադրամներ, որպեսզի լուծեք գումարման խնդիրը:

ա. 16 + 20 = _____	բ. 22 + 7 = _____

EUREKA MATH

ՄԻԱՎՈՐՆԵՐԻ ՊԱՏՄՈՒԹՅՈՒՆ — Դաս 16 Ստուգողական աշխատանք 1•4

Անուն _____ Ամսաթիվ _____

Լուծեք՝ օգտագործելով արագ տասերի գծագիր՝ ցույց տալու համար ձեր գծագիրը:

| 1. 24 + 5 | 2. 14 + 20 |

Գծեք թվային կապ՝ լուծելու համար:

| 3. 19 + 20 | 4. 36 + 3 |

5. Նկարեք տաս ցենտանոց մետաղադրամներ և մետաղադրամներ, որպեսզի լուծեք գումարման խնդիրը:

13 + 20

Դաս 16. Գումարեք մեկերը մեկերին, կամ տասերը՝ տասերին:

107

ՄԻԱՎՈՐՆԵՐԻ ՊԱՏՄՈՒԹՅՈՒՆ Դաս17 Գործնական խնդիր 1•4

Օգտագործեք ԿՆԳ մեթոդը՝ լուծելու համար խնդիրներից մեկը կամ մի քանիսը:

Կարդացեք

ա. Բենն ուներ 7 ձուկ: Նա գնեց 4 ձուկ խանութից: Քանի՞ ձուկ ունի Բենը:

բ. Այս առավոտ Մարիան ուներ 7 ձուկ իր ակվարիումում: Նա գնեց ևս մի քանի ձուկ և հիմա ունի 9 ձուկ: Քանի՞ ձուկ գնեց նա:

գ. Անտոնն ուներ 8 ձուկ: Ձկներից մի քանիսը սատկեցին, և հիմա Անտոնն ունի 4 ձուկ: Քանի՞ ձուկ սատկեց:

Նկարեք

Գրեք

_____

_____

_____

ՄԻԱՎՈՐՆԵՐԻ ՊԱՏՄՈՒԹՅՈՒՆ   Դաս 17 Խնդիրներ   1•4

Անուն _____   Ամսաթիվ _____

Լուծեք խնդիրը՝ օգտագործելով արագ տասերի և մեկերի գծապատկեր կամ թվային կապ:

1.	25 + 1 = ____	2.	25 + 10 = ____
3.	15 + 4 = ____	4.	15 + 20 = ____
5.	16 + 7 = ____	6.	26 + 7 = ____
7.	23 + 7 = ____	8.	33 + 7 = ____

Դաս 17.   Գումարեք մեկերը մեկերին, կամ տասերը՝ տասերին:

ՄԻԱՎՈՐՆԵՐԻ ՊԱՏՄՈՒԹՅՈՒՆ   Դաս 17 Խնդիրներ   1•4

| 9. 16 + 20 = _____ | 10. 6 + 24 = _____ |

11. Փորձեք ավելի շատ խնդիրներ ընկերոջ հետ: Լուծելու համար օգտագործեք ձեր անձնական սպիտակ գրատախտակը:

   ա. 4 + 26   բ. 28 + 4

   գ. 32 + 7   դ. 20 + 18

   ե. 9 + 23   զ. 9 + 27

Ընտրեք մի խնդիր, որը լուծել եք արագ տասերի գծապատկերով, և պատրաստ եղեք քննարկման:

Ընտրեք մի խնդիր, որը լուծել եք թվային կապով, և պատրաստ եղեք քննարկման:

Անուն _____   Ամսաթիվ _____

Գտեք ամբողջները՝ օգտագործելով արագ տասի գծապատկերը կամ թվային կապը:

1. 17 + 8 = ____	2. 28 + 7 = ____
3. 24 + 10 = ____	4. 19 + 20 = ____

Դաս 17.   Գումարեք մեկերը մեկերին, կամ տասերը՝ տասերին:

Օգտագործեք ԿՆԳ մեթոդը՝ լուծելու համար խնդիրներից մեկը կամ երկուսը:

Կարդացեք

ա. Բադերից մի քանիսը լճակում էին: 4 փոքրիկ բադ միացավ նրանց: Հիմա լճակում կա 6 բադ: Քանի՞ բադ կար լճակում սկզբում:

բ. Մի քանի գորտ լճակում էին: Երեքը դուրս ցատկեցին և հիմա կա 5 գորտ լճակում: Քանի՞ գորտ կար լճակում սկզբում:

Նկարեք

ՄԻԱՎՈՐՆԵՐԻ ՊԱՏՄՈՒԹՅՈՒՆ

Դաս 18 Գործնական խնդիր 1•4

Գրեք

_____

_____

_____

Դաս 18. Փոխանակեք և քննադատեք ընկերների՝ երկնիշ թվեր գումարելու ռազմավարությունները:

Անուն _____ Ամսաթիվ _____

1. Լուծումներից յուրաքանչյուրը բաց թողնված թվեր են կամ գծագրի մասեր: Ուղղեք յուրաքանչյուրը, որպեսզի լինեն ճշգրիտ և ամբողջական:

$$13 + 8 = 21$$

a.
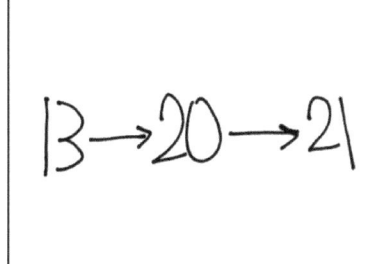

b.
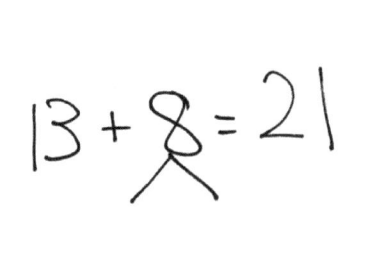

c.
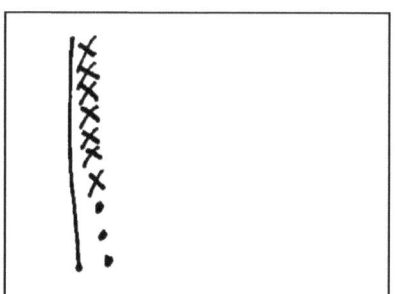

2. Շրջանակի մեջ վերցրեք այն աշակերտի աշխատանքը, որը ճշգրտորեն լուծել է գումարման խնդիրը:

$$16 + 5$$

a.
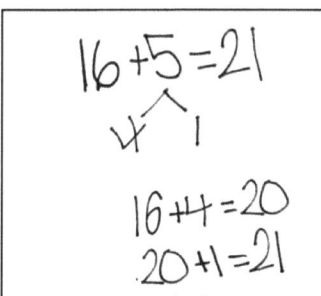

b.
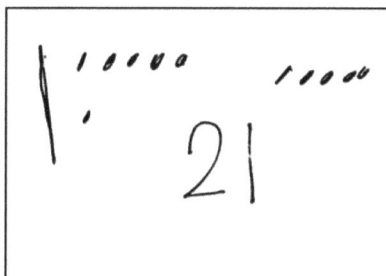

c.
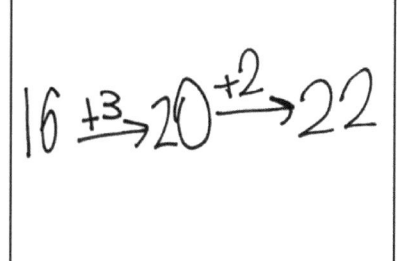

դ. Ուղղեք այն աշխատանքը, որը սխալ էր՝ ստորև նշված տարածքում նոր աշխատանք կազմելով համապատասխան թվային հաջորդականությամբ:

ՄԻԱՎՈՐՆԵՐԻ ՊԱՏՄՈՒԹՅՈՒՆ   Դաս 18 Խնդիրներ   1•4

3. Շրջանակի մեջ վերցրեք այն աշակերտի աշխատանքը, որը ճշգրտորեն լուծել է գումարման խնդիրը:

13 + 20

a.

b.

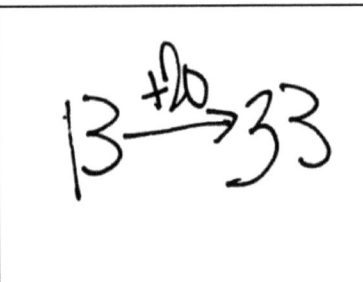

c.

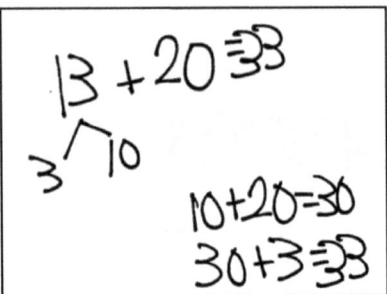

դ. Ուղղեք այն աշխատանքը, որը սխալ էր՝ ստորև նշված տարածքում նոր նկար նկարելով, որը կհապատասխանի թվային նախադասությանը:

4. Լուծեք՝ օգտագործելով արագ տասեր, սլաքների եղանակ կամ թվային կապ:

17 + 5 = ___

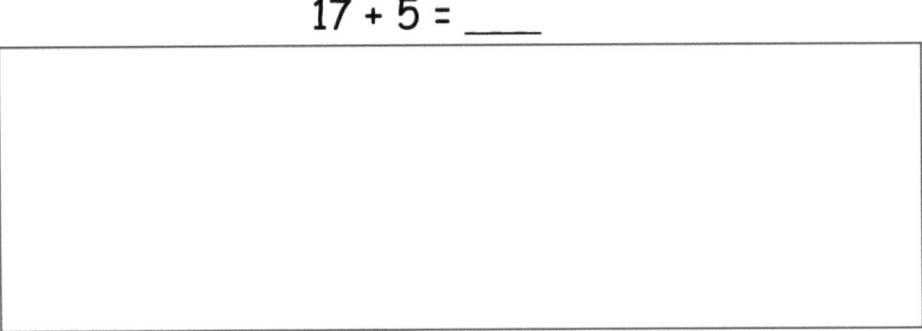

Կիսվեք ձեր ընկերոջ հետ: Քննարկեք, թե ինչո՞ւ եք ընտրել լուծել այն եղանակով, որով արել եք:

ՄԻԱՎՈՐՆԵՐԻ ՊԱՏՄՈՒԹՅՈՒՆ   Դաս 18 Ստուգողական աշխատանք   1•4

Անուն _____   Ամսաթիվ _____

Շրջանակի մեջ վերցրեք այն աշխատանքը, որտեղ ճշգրտորեն լուծվել է գումարման խնդիրը:

17 + 9

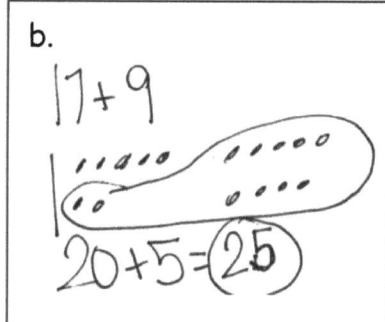

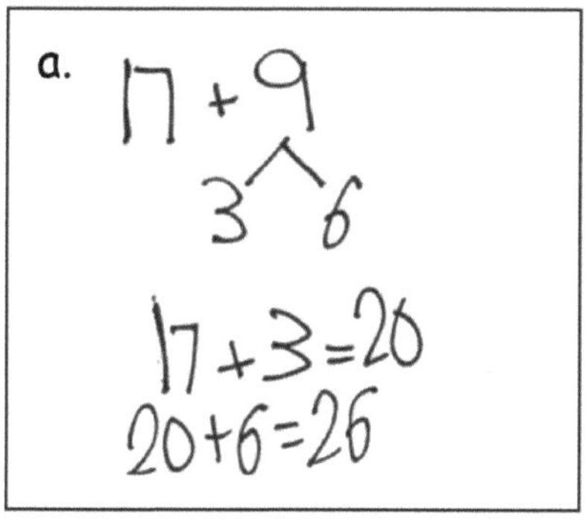

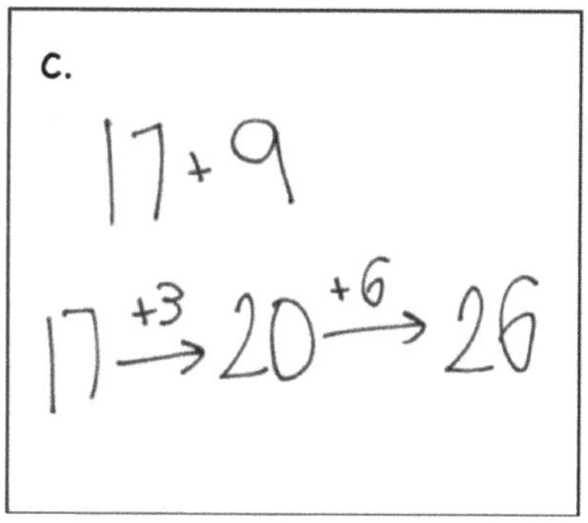

դ. Ուղղեք այն աշխատանքը, որը սխալ էր՝ ստորև նշված տարածքում նոր նկար նկարագրելով համապատասխան թվային հաջորդականությամբ:

Դաս 18.   Փոխանակեք և քննադատեք ընկերների՝ երկնիշ թվեր գումարելու ռազմավարությունները: 119

ՄԻԱՎՈՐՆԵՐԻ ՊԱՏՄՈՒԹՅՈՒՆ　　　　　　　　　　　Դաս 19 Խնդիրներ　1•4

Անուն _____　　Ամսաթիվ _____

Կարդացեք բառային խնդիրը:
Գծեք ժապավենային դիագրամ և նշումներ կատարեք:
Գրեք թվային արտահայտություն և պնդում, որը համապատասխանում է պատմությանը:

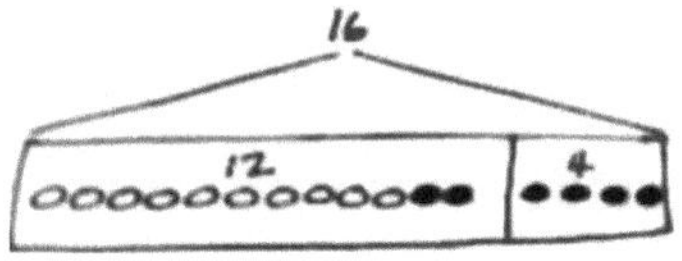

1. Լին իր պարտեզում աճեցրեց 6 դդմիկ և 7 դդում: Քանի՞ բանջարեղեն տեսավ նա իր այգում աճած:

   Լին տեսավ _____ բանջարեղեն:

2. Կիանան բռնեց 6 մողես: Նրա եղբայրը բռնեց 6 օձ: Քանի՞ սողուն ունեն նրանք միասին:

   Կիանան և իր եղբայրը ունեն _____ սողուն:

3. Անտոնի թիմը դաշտում ունի 12 ֆուտբոլի գնդակ, իսկ 3 գնդակ մարզիչի պայուսակում է: Քանի՞ ֆուտբոլի գնդակ ունի Անտոնի թիմը:

   Անտոնի թիմն ունի _____ ֆուտբոլի գնդակ:

Դաս 19.　Օգտագործեք ժապավենային դիագրամը որպես ներկայացուցչություն՝ ամբողջ անհայտով գումարման/հանման և անհայտ արդյունքով գումարման բառային խնդիրներ լուծելու համար:

ՄԻԱՎՈՐՆԵՐԻ ՊԱՏՄՈՒԹՅՈՒՆ Դաս 19 Խնդիրներ 1•4

4. Էմին ընթրիքի համար ունի 13 ընկեր։ Եվս 4 ընկեր եկան՝ տորթ ուտելու համար։ Քանի՞ ընկեր է եկել Էմիի տուն։

Կային _____ ընկեր։

5. 6 մեծահասակ և 12 երեխա լողում էին լճակում։ Քանի՞ մարդ էր լողում լճակում։

Լճում լողացող _____ մարդ կար։

6. Ռոզին ունի ծաղկաման՝ 13 ծաղիկներով։ Նա դրեց ևս 7 ծաղիկ ծաղկամանում։ Քանի՞ ծաղիկ կա ծաղկամանում։

Ծաղկամանում _____ կա ծաղիկ։

Անուն ______________________________ Ամսաթիվ ______________

Կարդացեք բառային խնդիրը:
Գծեք ժապավենային դիագրամ և նշումներ կատարեք:
Գրեք թվային արտահայտություն և պնդում, որը համապատասխանում է պատմությանը:

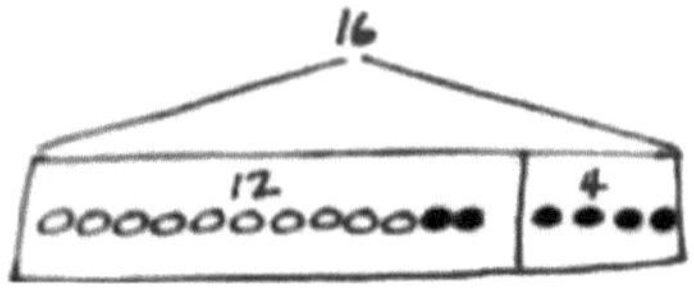

Փիթերը հաշվում էր 14 զատիկ, իսկ Լին այգուց դուրս հաշվում էր 6 զատիկ: Ընդհանուր քանի՞ զատիկ նրանք հաշվեցին:

Նրանք հաշվել են _______________ զատիկ:

Դաս 19. Օգտագործեք ժապավենային դիագրամը որպես ներկայացուցչություն՝ *ամբողջ անհայտով գումարման/հանման և անհայտ արդյունքով գումարման* բառային խնդիրներ լուծելու համար:

ՄԻԿՎՈՐՆԵՐԻ ՊԱՏՄՈՒԹՅՈՒՆ　　　　　Դաս 20 Խնդիրներ　1•4

Անուն _____　　Ամսաթիվ _____

Կարդացեք բառային խնդիրը:
Գծեք ժապավենային դիագրամ և նշումներ կատարեք:
Գրեք թվային արտահայտություն և պնդում, որը համապատասխանում է պատմությանը:

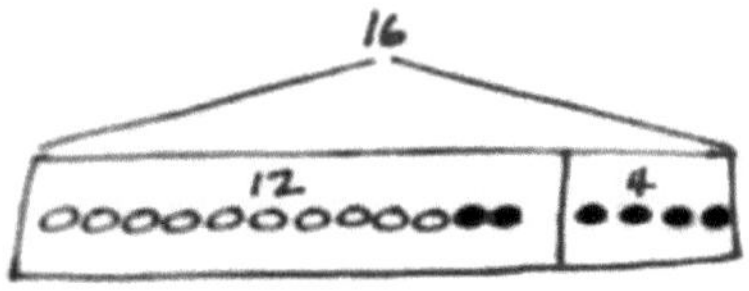

1. 9 շուն խաղում էր այգում: Մի քանի շուն եկավ այգի: Այսպիսով, կար 11 շուն: Քանի՞ շուն եկավ այգի:

　　　　　　　　　　　　　　　　Եվս _____ շուն եկավ այգի:

2. Զամբյուղում կա 16 ելակ Փիթերի և Ջուլիոյի համար: Փիթերը դրանցից 8-ը կերավ: Քանի՞ հատ կա Ջուլիոյի ուտելու համար:

　　　　　　　　　　　　　　　Ջուլիոն ունի _____ ուտելու ելակ:

3. Կարուսելի վրա կա 13 երեխա: Կարուսելի վրա կա 3 մեծահասակ: Քանի՞ մարդ կա կարուսելի վրա:

　　　　　　　　　　　　　　Կարուսելի վրա կա _____ մարդ:

Դաս 20.　Գտեք և օգտագործեք մաս-ամբողջ հարաբերությունը ժապավենային դիագրամներում մի շարք խնդիրներ լուծելիս:.

ՄԻԱՎՈՐՆԵՐԻ ՊԱՏՄՈՒԹՅՈՒՆ Դաս 20 Խնդիրներ 1•4

4. Կարուսելի վրա հիմա 13 մարդ կա: Կարուսելի վրա կա 3 մեծահասակ, իսկ մնացածը՝ երեխաներ են: Քանի՞ երեխա կա կարուսելի վրա:

Կարուսելի վրա կա ____________ երեխա:

5. Այս ամիս առավոտյան Բենը ունի բեյսբոլի 6 պարապմունք: Եթե Բենը ունի 6 պարապունք կեսօրին, քանի՞ բեյսբոլի պարապմունք ունի:

Բենն ունի ____________ բեյսբոլի պարապմունք:

6. Թամրայի թևնոցի վրա կա մի քանի դեղին ուլունք: Երբ նա դրեց 14 մանուշակագույն ուլունք թևնոցի վրա, դարձավ 18 ուլունք: Սկզբում քանի՞ դեղին ուլունք ուներ Թամրայի թևնոցը:

Թամրայի թևնոցն ուներ ____________ դեղին ուլունք:

Անուն ______________________________ Ամսաթիվ ____________

Կարդացեք բառային խնդիրը:
Գծեք ժապավենային դիագրամ և նշումներ կատարեք:
Գրեք թվային արտահայտություն և պնդում, որը համապատասխանում է պատմությանը:

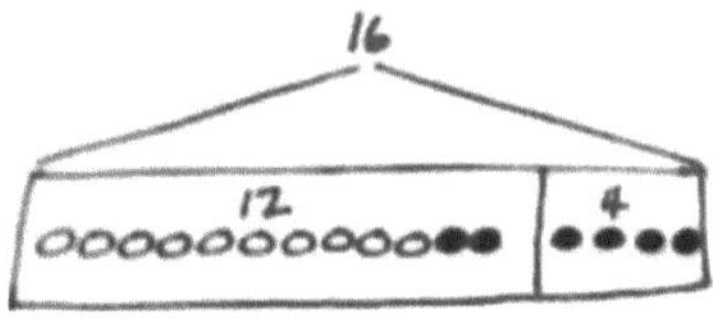

Ջրամբարում կար 6 կրիա: Հայրիկը գնեց մի քանի կրիա: Հիմա կա12 կրիա: Քանի՞ կրիա հայրիկը գնեց:

Հայրիկը գնեց __________ կրիա:

EUREKA MATH Դաս 20. Գտեք և օգտագործեք մաս-ամբողջ հարաբերությունը ժապավենային դիագրամներում մի շարք խնդիրներ լուծելիս:. 127

Անուն ________________________ Ամսաթիվ ______________

Կարդացեք բառային խնդիրը:
Գծեք ժապավենային դիագրամ և նշումներ կատարեք:
Գրեք թվային արտահայտություն և պնդում, որը համապատասխանում է պատմությանը:

12

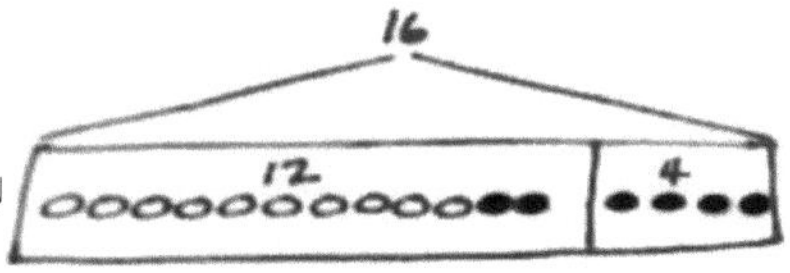

1. Ռոզին նկարեց 7 նկար, իսկ Վիլին նկարեց 11 նկար: Քանի՞ նկար նրանք նկարեցին միասին:

Նրանք նկարեցին __________ նկար:

2. Դանիելը 7 րոպե քայլեց դեպի Լիի տուն: Այնուհետև, նա քայլեց դեպի այգի: Դանիելը ընդհանուր 18 րոպե քայլեց: Քանի՞ րոպեում Դանիելը հասավ այգի:

Դանիելից պահանջվեց __________ րոպե՝ այգի հասնելու համար:

3. Էմին ունի մի քանի ոսկե ձկնիկ: Թամրան ունի 14 մարտական ձուկ: Թամրան և Էմին միասին ունեն 19 ձուկ: Քանի՞ ոսկե ձկնիկ ունի Էմին:

Էմին ունի __________ ոսկե ձկնիկ:

EUREKA MATH Դաս 21. Գտեք և օգտագործեք մաս-ամբողջ հարաբերությունը ժապավենային դիագրամներում մի շարք խնդիրներ լուծելիս:. 129

Copyright © Great Minds PBC

4. Շանիկան կառուցեց աշտարակ 14 աղյուսով։ Այնուհետև, նա ավելացրեց աշտարակին ևս 4 աղյուս։ Քանի՞ աղյուս կա աշտարակում հիմա։

Աշտարակը պատրաստված է _____ աղյուսից։

5. Նիկիի աշտարակը 15 աղյուսի բարձրության է։ Նա ավելացրեց մի քանի աղյուս իր աշտարակին։ Նրա աշտարակը 18 աղյուսի բարձրության է հիմա։ Քանի՞ աղյուս ավելացրեց Նիկին։

Նիկին ավելացրեց _____ աղյուս։

6. Բենը և Փիթերը բռնեցին 17 շերեփուկ։ Նրանք մի քանիսը տվեցին Անտոնին։ Նրանց մնաց 4 շերեփուկ։ Քանի՞ շերեփուկ նրանք տվեցին Անտոնին։

Նրանք Անտոնին տվեցին _____ շերեփուկ։

Անուն ______________________________ Ամսաթիվ ______________

Կարդացեք բառային խնդիրը:
Գծեք ժապավենային դիագրամ և նշումներ կատարեք:
Գրեք թվային արտահայտություն և պնդում, որը համապատասխանում է պատմությանը:

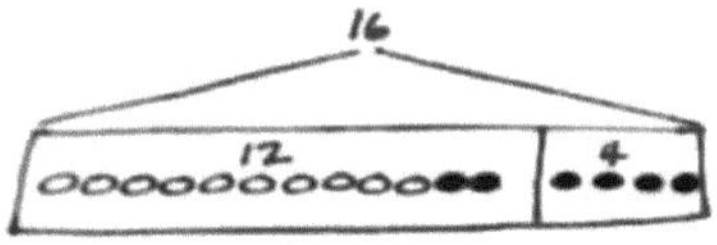

Երկուշաբթի օրը Շանիկան կարդաց մի քանի էջ: Երեքշաբթի օրը նա կարդաց 6 էջ: 2 օրերի ընթացքում նա կարդաց 13 էջ: Քանի՞ էջ նա կարդաց երկուշաբթի օրը:

Շանիկան երկուշաբթի օրը կարդաց_______________որոշ էջեր:

Անուն ____________________________ Ամսաթիվ ______________

Օգտագործեք ժապավենային դիագրամներ՝ տարբեր տեսակի բառային խնդիրներ գրելու համար: Անհրաժեշտության դեպքում օգտագործեք բառարանը: Հիշեք, որ նշեք ձեր մոդելը՝ պատմությունը գրելուց հետո:

Թեմաներ (Գոյականներ)		
ծաղիկներ	ոսկե ձկնիկ	մողեսներ
կպչուկներ	հրթիռներ	մեքենաներ
գորտեր	կրեկերներ	մարմարե գնդակներ

Գործողություններ (Բայեր)		
թաքնվել	ունել	հեռանալ
տալ	նկարել	ստանալ
հավաքել	կառուցել	խաղալ

1.

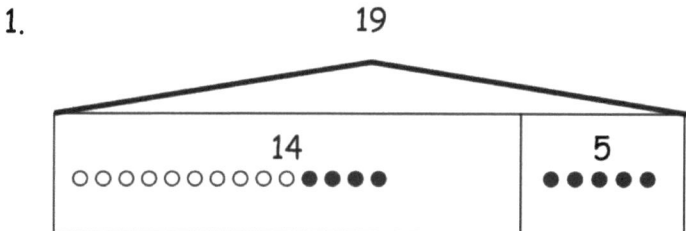

EUREKA MATH Դաս 22. Գրեք տարբեր տեսակի բառային խնդիրներ: 133

2.

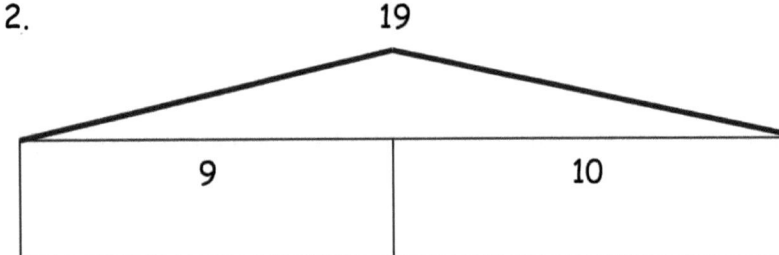

3.

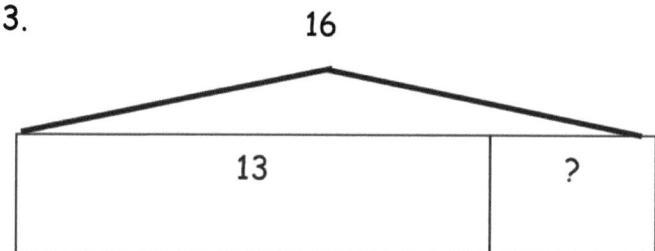

4.

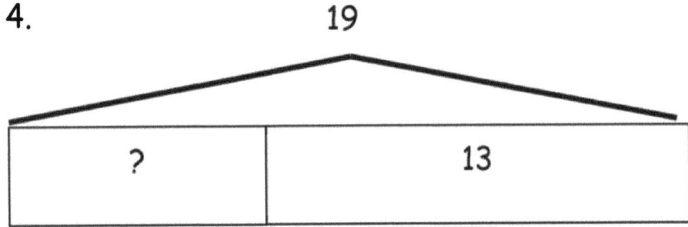

Անուն _____ Ամսաթիվ _____

Շրջանակի մեջ վերցրեք 2 պատմությունների խնդիրներ, որոնք համապատասխանում են ժապավենային դիագրամին:

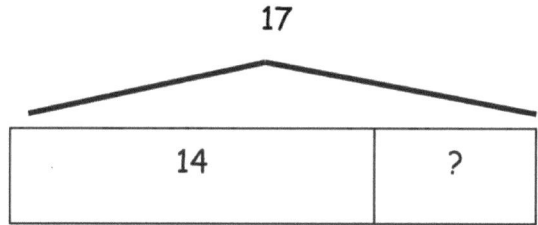

a. Պիկնիկի ծածկոցի վրա կա 14 մրջյուն: Այնուհետև, եկան ևս մի քանի մրջյուն: Հիմա պիկնիկի ծածկոցի վրա կա 17 մրջյուն: Քանի՞ մրջյուն եկավ:

բ. 14 երեխա մեկ դասարանից խաղահրապարակում են: Այնուհետև, խաղահրապարակ եկան մեկ այլ դասարանի 17 երեխա: Քանի՞ երեխա կա խաղահրապարակում:

գ. Ափսեի վրա կար 17 խաղողի հատիկ: Վիլին կերավ 14 խաղողի հատիկ: Քանի՞ խաղողի հատիկ կա ափսեի վրա հիմա:

Կարդացեք

Քիմը հավաքեց 10 չամրացված մատիտ և դրեց դրանք բաժակի մեջ։ Բենն ունի 10 մատիտների 1 փաթեթ, որը նա ավելացնում է բաժակին։ Քանի՞ մատիտ կա բաժակում։

Նկարեք

Գրեք

_____

_____

_____

ՄԻԱՎՈՐՆԵՐԻ ՊԱՏՄՈՒԹՅՈՒՆ Դաս 23 Խնդիրներ 1•4

Անուն ________________________ Ամսաթիվ ____________

1. Լրացրեք բաց թողածները և համապատասխանեցրեք նույն գումարը ցույց տվող զույգերը:

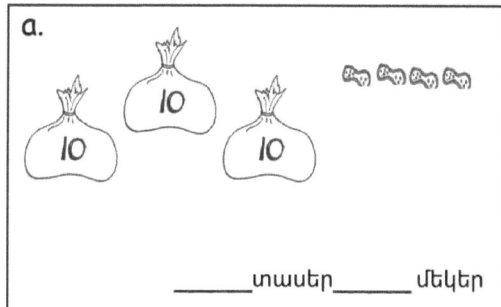

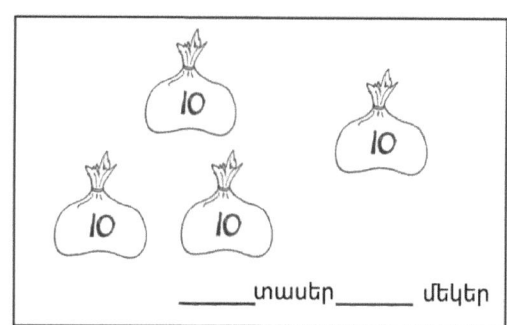

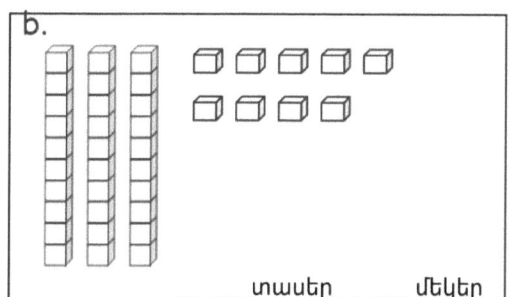

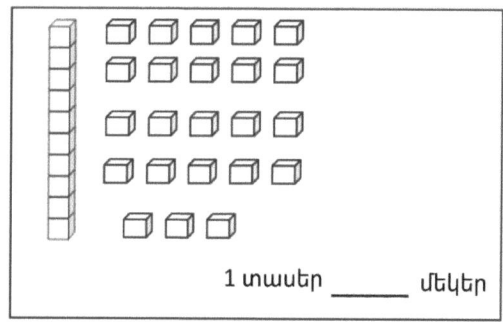

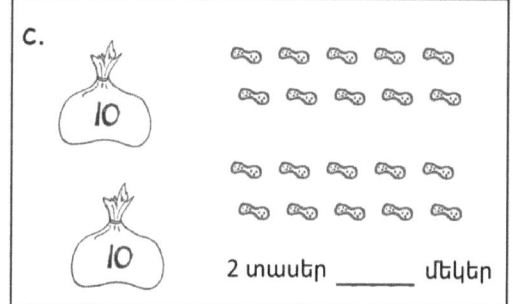

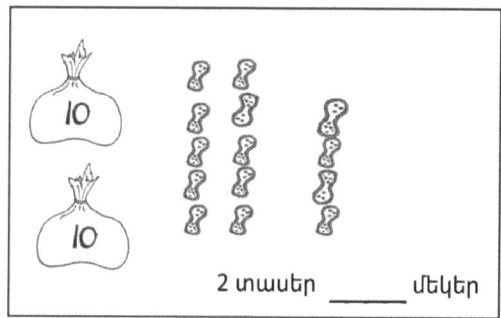

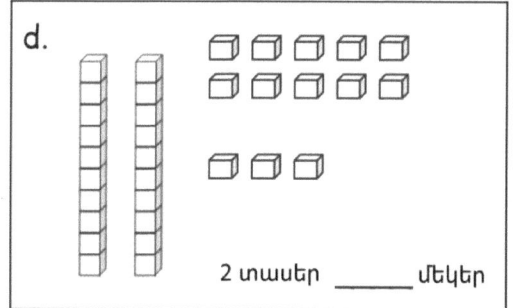

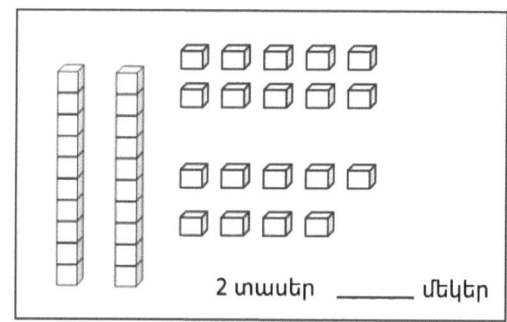

a.

______տասեր______ մեկեր

______տասեր______ մեկեր

b.

______տասեր______ մեկեր

1 տասեր ______ մեկեր

c.

2 տասեր ______ մեկեր

2 տասեր ______ մեկեր

d.

2 տասեր ______ մեկեր

2 տասեր ______ մեկեր

2. Համապատասխանեցրեք տեղի արժեքների աղյուսակները՝ նույն գումարը ցույց տալու համար։

a.
տասեր	մեկեր
2	2

տասեր	մեկեր
3	6

b.
տասեր	մեկեր
2	16

տասեր	մեկեր
3	4

c.
տասեր	մեկեր
2	14

տասեր	մեկեր
1	12

3. Նշեք յուրաքանչյուր ճիշտ արտահայտությունը․

☐ a. 27-ը նույնն է, ինչ 1 տաս 17 մեկերը։

☐ b. 33-ը նույնն է, ինչ 2 տասեր 23 մեկերը։

☐ c. 37-ը նույնն է, ինչ 2 տասեր 17 մեկերը։

☐ d. 29-ը նույնն է, ինչ 1 տաս 19 մեկերը։

4. Լին ասում է, որ 35-ը նույնն է, ինչ 2 տասեր 15 մեկերը, իսկ Մարիան ասում է, որ 35-ը նույնն է, ինչ 1 տաս 25 մեկերը։ Գծեք արագ տասեր, որպեսզի ցույց տաք, թե ով է ճիշտ՝ Լի՞ն, թե Մարիա՞ն։

ՄԻԱՎՈՐՆԵՐԻ ՊԱՏՈՒԹՅՈՒՆ　　　Դաս 23 Ստուգողական աշխատանք　1•4

Անուն _____　　Ամսաթիվ _____

1. Համապատասխանեցրեք տեղի արժեքների աղյուսակները՝ նույն գումարը ցույց տալու համար։

   a.　| տասեր | մեկեր |　　　　| տասեր | մեկեր |
   　　| 2 | 12 |　　　　| 2 | 16 |

   b.　| տասեր | մեկեր |　　　　| տասեր | մեկեր |
   　　| 2 | 8 |　　　　| 1 | 18 |

   c.　| տասեր | մեկեր |　　　　| տասեր | մեկեր |
   　　| 3 | 6 |　　　　| 3 | 2 |

2. Թամրան ասում է, որ 24-ը նույնն է, ինչ 1 տաս 14 մեկերը, իսկ Վիլին ասում է, որ 24-ը նույնն է, ինչ 2 տասեր 14 մեկերը։ Գծեք արագ տասեր, որպեսզի ցույց տաք, թե ով է ճիշտ՝ Թամրա՞ն, թե Վիլի՞ն։

Կարդացեք

Շունը 11 ոսկոր է թաքցնում իր տնակի հետևում։ Ավելի ուշ նրա տերը տալիս է ևս 5 ոսկոր։ Քանի՞ ոսկոր ունի շունը հիմա։

Լրացում. Բոլոր ոսկորները շագանակագույն են, կամ սպիտակ։ Շագանակագույն և սպիտակ ոսկորները նույն քանակի են։ Քանի՞ շագանակագույն ոսկոր ունի շունը։

Նկարեք

Գրեք

_____

_____

_____

Դաս 24. Գումարեք երկու երկնիշ թվեր, որոնց միավորների գումարը փոքր կամ հավասար է 10-ի։

Անուն _____ Ամսաթիվ _____

1. Լուծեք՝ օգտագործելով թվային զույգեր. Գրեք երկու թվային արտահայտություններ, որոնք ցույց են տալիս, որ սկզբից գումարել եք տասը: Նկարեք արագ տասեր և մեկեր, եթե դա կօգնի ձեզ:

a. 14 + 13 = ____ 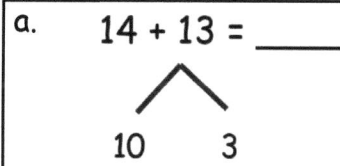 10 3 14 + 10 = 24 24 + 3 = 27	բ. 13 + 24 = ____ 10 3 24 + 10 = ____ ____ + 3 = ____
c. 16 + 13 = ____ 10 3 16 + 10 = ____ ____ + 3 = ____	d. 13 + 26 = ____ 10 3 26 + 10 = ____ ____ + ____ = ____
e. 15 + 15 = ____ 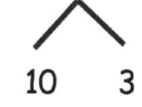 10 5 ____ + ____ = ____ ____ + ____ = ____	f. 15 + 25 = ____ ____ + ____ = ____ ____ + ____ = ____

Դաս 24. Գումարեք երկու երկնիշ թվեր, որոնց միավորների գումարը փոքր կամ հավասար է 10-ի:

2. Լուծեք՝ օգտագործելով արագ տասերը կամ սլաքների եղանակը: Ձեզ համար Մաս (ա)-ն սկսված է:

a. 15 + 13 = _____ 10 3	b. 14 + 23 = _____
c. 16 + 14 = _____	d. 14 + 26 = _____
e. 21 + 17 = _____	f. 17 + 23 = _____
g. 21 + 18 = _____	ը. 18 + 12 = _____

Անուն _____ Ամսաթիվ _____

Լուծեք՝ օգտագործելով թվային զույգեր: Գրեք երկու թվային արտահայտություններ, որոնք ցույց են տալիս, որ սկզբից գումարել եք տասը:

1. 13 + 26 =

   ⋀

   ____ + ____ = ____

   ____ + ____ = ____

2. 19 + 21 =

   ⋀

   ____ + ____ = ____

   ____ + ____ = ____

Դաս 24. Գումարեք երկու երկնիշ թվեր, որոնց միավորների գումարը փոքր կամ հավասար է 10-ի:

Կարդացեք

Շերտավոր սկյուռը թաքցնում է 11 կաղին ծառի տակ: Ավելի ուշ իր կաղիններից 5-ը տվեց ընկերոջը: Քանի՞ կաղին ունի շերտավոր սկյուռը:

Լրացում. Սկյուռն ունի շերտավոր սկյուռի կաղինների կրկնապատիկը: Քանի՞ կաղին ունի սկյուռը:

Նկարեք

Դաս 25. Գումարեք երկու երկնիշ թվեր, որոնց միավորների գումարը փոքր կամ հավասար է 10-ի:

Գրեք

_____

_____

_____

Դաս 25. Գումարեք երկու երկնիշ թվեր, որոնց միավորների գումարը փոքր կամ հավասար է 10-ի:

Անուն ______________________________ Ամսաթիվ ______________

1. Լուծեք՝ օգտագործելով թվային զույգեր. Այս անգամ սկզբից գումարեք տասերը: Գրեք երկու թվային արտահայտություն՝ ցույց տալու համար, թե ինչպես եք լուծել:

a. 11 + 14 = ______	b. 21 + 14 = ______
c. 14 + 15 = ______	d. 26 + 14 = ______
e. 26 + 13 = ______	f. 13 + 24 = ______

Դաս 25. Գումարեք երկու երկնիշ թվեր, որոնց միավորների գումարը փոքր կամ հավասար է 10-ի:

2. Լուծեք՝ օգտագործելով թվային կապերը: Այս անգամ սկզբից գումարեք մեկերը: Գրեք երկու թվային արտահայտություն՝ ցույց տալու համար, թե ինչպես եք լուծել:

a. 29 + 11 = ______	b. 17 + 13 = ______
c. 14 + 16 = ______	d. 26 + 13 = ______
e. 28 + 11 = ______	f. 12 + 27 = ______
g. 18 + 12 = ______	ը. 22 + 18 = ______

154 Դաս 25. Գումարեք երկու երկնիշ թվեր, որոնց միավորների գումարը փոքր կամ հավասար է 10-ի:

EUREKA MATH

ՄԻԱՎՈՐՆԵՐԻ ՊԱՏՈՒԹՅՈՒՆ   Դաս 25 Ստուգողական աշխատանք   1•4

Անուն _____   Ամսաթիվ _____

Լուծեք՝ օգտագործելով թվային զույգեր։ Գրեք երկու թվային արտահայտություն՝ ցույց տալու համար, թե ինչ եք արել։

a.	b.
12 + 27 = _____	21 + 19 = _____

Դաս 25.   Գումարեք երկու երկնիշ թվեր, որոնց միավորների գումարը փոքր կամ հավասար է 10-ի։

155

ՄԻԱՎՈՐՆԵՐԻ ՊԱՏՄՈՒԹՅՈՒՆ — Դաս 26 Գործնական խնդիր 1•4

Կարդացեք

Փետրվարին 7 օր ձյուն է եկել՝ նույն օրերի քանակությամբ էլ մարտին: Քանի՞ օր է ձյուն եկել այդ 2 ամիսների ընթացքում:

Լրացում. Հունվար ամսվան ձյունը տեղացել է 3 օր: Քանի՞ օր է ձյուն տեղացել 3 ամիսների ընթացքում: Քանի՞ օր ավել է ձյուն տեղացել փետրվարին հունվարից:

Նկարեք

Դաս 26. Գումարեք երկու երկնիշ թվեր, որոնց միավորների գումարը մեծ է 10-ից:

ՄԻԱՎՈՐՆԵՐԻ ՊԱՏՄՈՒԹՅՈՒՆ | Դաս 26 Գործնական խնդիր

Գրեք

_____

_____

_____

Դաս 26. Գումարեք երկու երկնիշ թվեր, որոնց միավորների գումարը մեծ է 10-ից:

ՄԻԱՎՈՐՆԵՐԻ ՊԱՏՄՈՒԹՅՈՒՆ   Դաս 26 Խնդիրներ   1•4

Անուն _____   Ամսաթիվ _____

1. Լուծեք՝ օգտագործելով թվային կապ՝ սկզբից տասնյակը գումարելու համար: Գրեք 2 գումարման արտահայտությունները, որոնք օգնել են ձեզ:

a. 18 + 14 = ____
   /\
  10 4

   18 + 10 = 28
   28 + 4 = 32

b. 14 + 17 = ____
   /\
  10 4

   17 + 10 = 27
   27 + 4 = 31

c. 19 + 15 = ____
   /\
  10 5

   19 + 10 = ____
   ____ + 5 = ____

d. 18 + 15 = ____
   /\
  10 5

   18 + 10 = ____
   ____ + 5 = ____

e. 19 + 13 = ____
   /\
  10 3

   19 + 10 = ____
   ____ + ____ = ____

f. 19 + 16 = ____
   /\
  10 6

   19 + 10 = ____
   ____ + ____ = ____

Դաս 26.   Գումարեք երկու երկնիշ թվեր, որոնց միավորների գումարը մեծ է 10-ից:

ՄԻԱՎՈՐՆԵՐԻ ՊԱՏՄՈՒԹՅՈՒՆ   Դաս 26 Խնդիրներ   1•4

2. Լուծեք՝ օգտագործելով թվային կապ՝ սկզբում տասեր կազմելու համար: Գրեք 2 թվային արտահայտություններ, որոնք օգնել են ձեզ:

a. 19 + 14 = _____ ∧ 1 13 19 + 1 = 20 20 + 13 = 33	b. 18 + 13 = _____ ∧ 2 11 18 + 2 = 20 20 + 11 = 31
c. 18 + 14 = _____ ∧ 2 12 18 + 2 = _____ 20 + 12 = _____	d. 18 + 16 = _____ ∧ 2 14 18 + 2 = _____ _____ + 14 = _____
e. 15 + 17 = _____ ∧ 12 3 _____ + 3 = _____ _____ + 12 = _____	f. 17 + 18 = _____ ∧ 15 2 _____ + _____ = _____ _____ + _____ = _____

Դաս 26. Գումարեք երկու երկնիշ թվեր, որոնց միավորների գումարը մեծ է 10-ից:

ՄԻԱՎՈՐՆԵՐԻ ՊԱՏՄՈՒԹՅՈՒՆ   Դաս 26 Ստուգողական աշխատանք   1•4

Անուն _____   Ամսաթիվ _____

1. Լուծեք՝ օգտագործելով թվային կապ՝ սկզբում տասեր կազմելու համար։ Գրեք 2 թվային արտահայտություններ, որոնք օգնել են ձեզ։

   a. 15 + 19 = ____
      ∧

      ____ + ____ = ____

      ____ + ____ = ____

   b. 19 + 17 = ____
      ∧

      ____ + ____ = ____

      ____ + ____ = ____

2. Լուծեք՝ օգտագործելով թվային կապ՝ տասեր կազմելու համար։ Գրեք 2 թվային արտահայտություններ, որոնք օգնել են ձեզ։

   a. 15 + 19 = ____
      ∧

      ____ + ____ = ____

      ____ + ____ = ____

   b. 19 + 17 = ____
      ∧

      ____ + ____ = ____

      ____ + ____ = ____

Դաս 26.   Գումարեք երկու երկնիշ թվեր, որոնց միավորների գումարը մեծ է 10-ից։

161

Copyright © Great Minds PBC

Կարդացեք

Ձմռան ընթացքում ձյուն էր եկել 14 տարբեր օրերի ընթացքում։ Որոշ օրեր մենք ստիպված էինք մնալ տանը։ Ձնառատ օրերից 9-ին մենք պետք է գնայինք դպրոց։ Քանի՞ օր մենք տանը մնացինք։

Լրացում․Քանի՞ օր ավել է ձյուն տեղացել, երբ եղել ենք դպրոցում՝ համեմատած տան հետ։

Նկարեք

ՄԻԱՎՈՐՆԵՐԻ ՊԱՏՄՈՒԹՅՈՒՆ

Դաս 27 Գործնական խնդիր 1•4

Գրեք

_____

_____

_____

Դաս 27. Գումարեք երկու երկնիշ թվեր, որոնց միավորների գումարը մեծ է 10-ից:

Անուն ______________________ Ամսաթիվ ____________

1. Լուծեք՝ օգտագործելով թվային կապեր՝ թվային հաջորդականությունների զույգերով: Կարող եք գծել արագ տասնյակներ և միավորներ՝ ձեզ օգնելու համար:

a. 19 + 12 = ______	b. 18 + 12 = ______
c. 19 + 13 = ______	d. 18 + 14 = ______
e. 17 + 14 = ______	f. 17 + 17 = ______
g. 18 + 17 = ______	ը. 18 + 19 = ______

EUREKA MATH Դաս 27. Գումարեք երկու երկնիշ թվեր, որոնց միավորների գումարը մեծ է 10-ից: 165

ՄԻԱՎՈՐՆԵՐԻ ՊԱՏՄՈՒԹՅՈՒՆ   Դաս 27 Խնդիրներ   1•4

2. Լուծեք: Կարող եք գծել արագ տասնյակներ և միավորներ՝ ձեզ օգնելու համար:

a. 19 + 12 = _____	b. 18 + 13 = _____
c. 19 + 13 = _____	d. 18 + 15 = _____
e. 19 + 16 = _____	f. 15 + 17 = _____
g. 19 + 19 = _____	ը. 18 + 18 = _____

Դաս 27.   Գումարեք երկու երկնիշ թվեր, որոնց միավորների գումարը մեծ է 10-ից:

ՄԻԱՎՈՐՆԵՐԻ ՊԱՏՄՈՒԹՅՈՒՆ   Դաս 27 Ստուգողական աշխատանք   1•4

Անուն _____   Ամսաթիվ _____

Լուծեք՝ օգտագործելով թվային կապեր՝ թվային հաջորդականությունների զույգերով: Կարող եք գծել արագ տասնյակներ և միավորներ՝ ձեզ օգնելու համար:

a. 16 + 15 = _____	b. 17 + 13 = _____
c. 16 + 16 = _____	d. 17 +15 = _____

Դաս 27. Գումարեք երկու երկնիշ թվեր, որոնց միավորների գումարը մեծ է 10-ից:

Կարդացեք

Անտոնն ունի մի քանի յուղամատիտ իր գրասեղանի վրա: Նրա ուսուցիչը տվեց և 2-ը: Երբ հաշվեց իր բոլոր յուղամատիտները նա ուներ 16 յուղամատիտ: Քանի՞ յուղամատիտ Անտոնն ուներ գրասեղանի վրա սկզբում:

Նկարեք

ՄԻԱՎՈՐՆԵՐԻ ՊԱՏՄՈՒԹՅՈՒՆ   Դաս 28 Գործնական խնդիր 1•4

Գրեք

_____

_____

_____

Անուն ______________________ Ամսաթիվ ______________

1. Լուծեք՝ օգտագործելով արագ տասի գծագրեր, թվային կապեր կամ սլաքների եղանակը: Ստուգեք ուղանկյունը, եթե կազմում եք նոր տասեր:

a. 23 + 12 = ______	բ. 15 + 15 = ______
գ. 19 + 21 = ______	d. 17 + 12 = ______
ե. 27 + 13 = ______	զ. 17 + 16 = ______

EUREKA MATH Դաս 28. Գումարեք միավորների փոփոխական գումարներով երկնիշ թվեր: 171

2. Լուծեք՝ օգտագործելով արագ տասերի գծագրեր, թվային կապեր կամ սլաքների եղանակը:

a. 15 + 13 = _____	բ. 25 + 13 = _____
գ. 24 + 14 = _____	d. 25 + 15 = _____
ե. 18 + 14 = _____	զ. 18 + 18 = _____
g. 24 + 16 = _____	h. 17 + 18 = _____

Անուն ____________________ Ամսաթիվ ____________

Լուծեք՝ օգտագործելով արագ տասեր և մեկեր, թվային կապեր կամ սլաքների եղանակը:

ա. 12 + 16 = ______	բ. 26 + 14 = ______
գ. 18 + 16 = ______	d. 19 + 17 = ______

ՄԻԱՎՈՐՆԵՐԻ ՊԱՏՄՈՒԹՅՈՒՆ | Դաս 29 Գործնական խնդիր | 1•4

Կարդացեք

Կիանայի ընկերը նրան տվեց ևս 3 պիտակ։ Հիմա Կիանան ունի 16 պիտակ։ Քանի՞ պիտակ ուներ Կիանան սկզբում։

Նկարեք

Գրեք

___

___

___

Դաս 29. Գումարեք միավորների փոփոխական գումարներով երկնիշ թվեր։

ՄԻԱՎՈՐՆԵՐԻ ՊԱՏՄՈՒԹՅՈՒՆ   Դաս 29 Խնդիրներ   1•4

Անուն _____   Ամսաթիվ _____

1. Լուծեք՝ օգտագործելով արագ տասերի գծագրեր, թվային կապեր կամ սլաքների եղանակը։

a. 13 + 12 = _____	b. 23 + 12 = _____
c. 13 + 16 = _____	d. 23 + 16 = _____
e. 13 + 27 = _____	f. 17 + 16 = _____
g. 14 + 18 = _____	ը. 18 + 17 = _____

Դաս 29.   Գումարեք միավորների փոփոխական գումարներով երկնիշ թվեր։

ՄԻԱՎՈՐՆԵՐԻ ՊԱՏՄՈՒԹՅՈՒՆ   Դաս 29 Խնդիրներ   1•4

2. Լուծեք՝ օգտագործելով արագ տասի գծագրեր, թվային կապեր կամ սլաքների եղանակը: Պատրաստ եղեք քննարկել, թե ինչպես եք լուծել դեբրիֆի ընթացքում:

a. 17 + 11 = _____	b. 17 + 21 = _____
c. 27 + 13 = _____	d. 17 + 14 = _____
e. 13 + 26 = _____	f. 17 + 17 = _____
g. 18 + 15 = _____	ը. 16 + 17 = _____

Դաս 29. Գումարեք միավորների փոփոխական գումարներով երկնիշ թվեր:

Անուն _____ Ամսաթիվ _____

Լուծեք՝ օգտագործելով արագ տասերի գծագրեր, թվային կապեր կամ սլաքների եղանակը:

a. $18 + 14 = $ _____	b. $14 + 23 = $ _____
c. $28 + 12 = $ _____	d. $19 + 21 = $ _____

Դաս 29. Գումարեք միավորների փոփոխական գումարներով երկնիշ թվեր:

Դասարան 1
Մոդուլ 5

Կարդացեք

Այսօր մեր դասին բոլորը կստանան 7 ձողիկի կտոր: Ավելի ուշ դուք կօգտագործեք ձեր և ձեր ընկերոջ կտորները միասին: Քանի՞ ձողիկի կտոր պետք է օգտագործեք, երբ գումարում եք ձերը և ձեր ընկերոջը միասին:

Նկարեք

Գրեք

Անուն _____ Ամսաթիվ _____

1. Շրջանակի մեջ վերցրեք այն պատկերները, որոնք ունեն 5 ուղիղ կողմ:

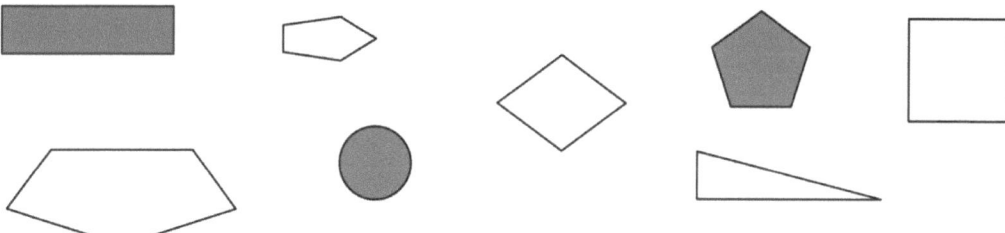

2. Շրջանակի մեջ առեք ուղիղ կողմեր չունեցող պատկերները:

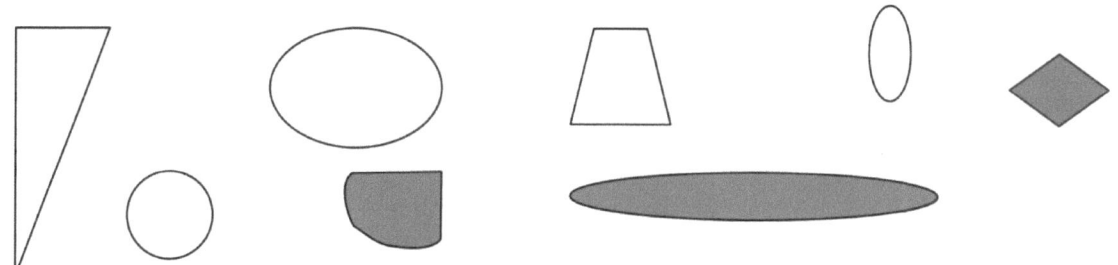

3. Շրջանակի մեջ վերցրեք այն պատկերները, որոնց յուրաքանչյուր անկյուն քառակուսի է:

4.
| a. Նկարեք պատկեր, որն ունի 3 ուղիղ կողմ: | b. Նկարեք մեկ այլ պատկեր 3 ուղիղ կողմով, որը տարբերվում է 4 (a)-ի և վերևի պատկերներից: |

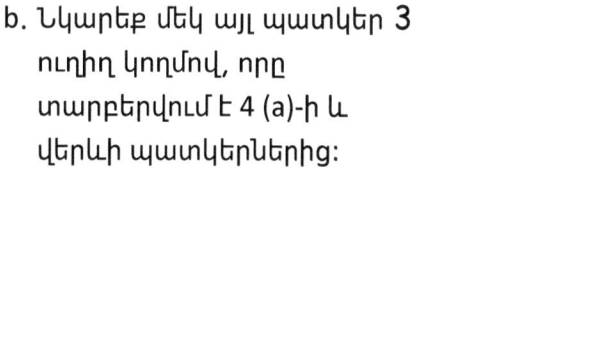

5. Ո՞ր հատկությունները կամ բնութագրերն են նույնը A խմբի բոլոր պատկերների համար:

ԽՈՒՄԲ A

Նրանք բոլորը _____:

Նրանք բոլորը _____:

6. Շրջանակի մեջ առեք այն պատկերը, որը լավագույնն է համապատասխանում A խմբին:

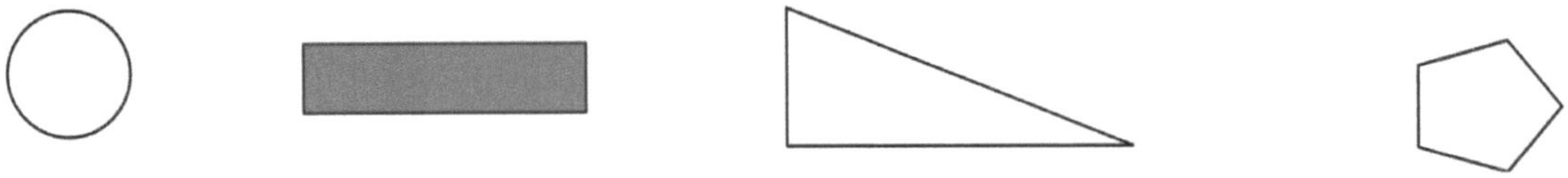

7. Նկարեք ևս երկու պատկեր, որոնք կհամապատասխանեն A խմբին:	8. Նկարեք 1 պատկեր, որը __չի__ համապատասխանի A խմբին:

Անուն _____ Ամսաթիվ _____

1. Քանի՞ անկյուն և ուղիղ կողմ ունի ներքևի պատկերներից յուրաքանչյուրը:

a. 	b. 	c.
____ անկյուններ	____ անկյուններ	____ անկյուններ
____ ուղիղ կողմեր	____ ուղիղ կողմեր	____ ուղիղ կողմեր

2. Նայեք յուրաքանչյուր շարքի պատկերների կողմերին և անկյուններին:

a. Ջնջեք պատկերները, որոնք չունեն կողմերի և անկյունների նույն քանակները:

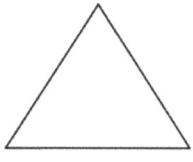 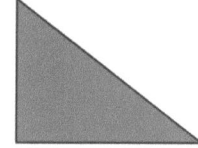  

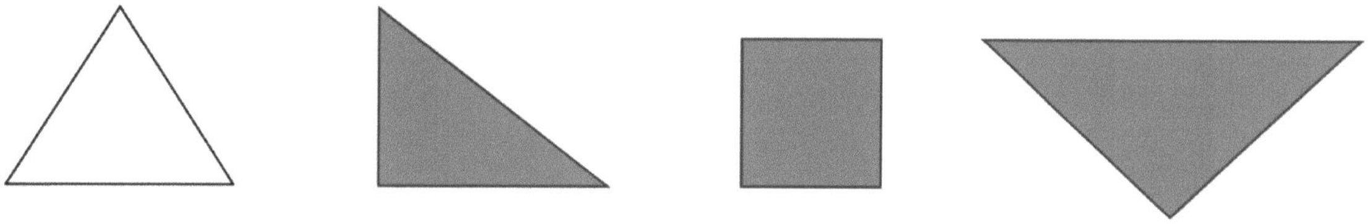

b. Ջնջեք այն պատկերները, որոնք չունեն նույն տեսակի անկյուններ:

  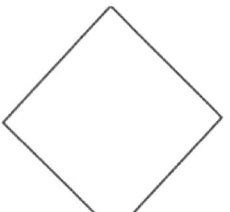 

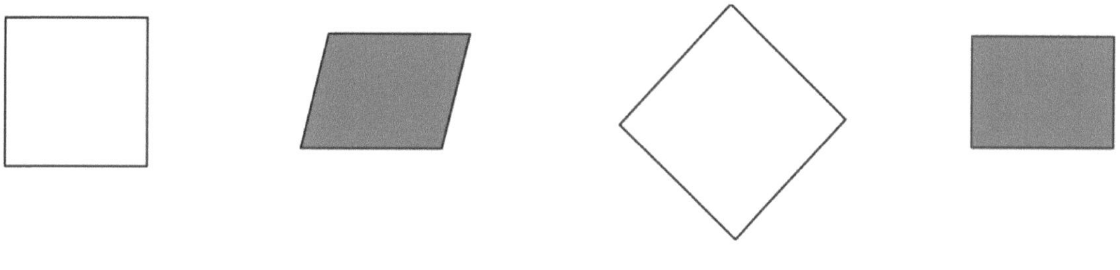

ՄԻԱՎՈՐՆԵՐԻ ՊԱՏՄՈՒԹՅՈՒՆ Դաս 2 Գործնական խնդիր 1•5

Կարդացեք

Լին ունի 9 ձողիկ: Նա օգտագործեց 4 ձողիկ՝ պատկեր կազմելու համար: Քանի՞ ձողիկ նրան մնաց՝ այլ պատկերներ կազմելու համար:

Լրացում. Ի՞նչ հնարավոր պատկերներ կարող է Լին կազմել: Գծեք այլ տարբեր պատկերներ, որոնք Լին կարող էր կազմել 4 ձողիկով: Նշեք յուրաքանչյուր պատկեր, որի անունը գիտեք:

Նկարեք

Գրեք

_____

_____

_____

Անուն ______________________________ Ամսաթիվ ______________

1. Օգտագործեք բանալին՝ պատկերները գունավորելու համար: Գրեք, թե յուրաքանչյուր նկարում քանի պատկեր կա: Շշնջացեք պատկերների անուններն աշխատելիս:

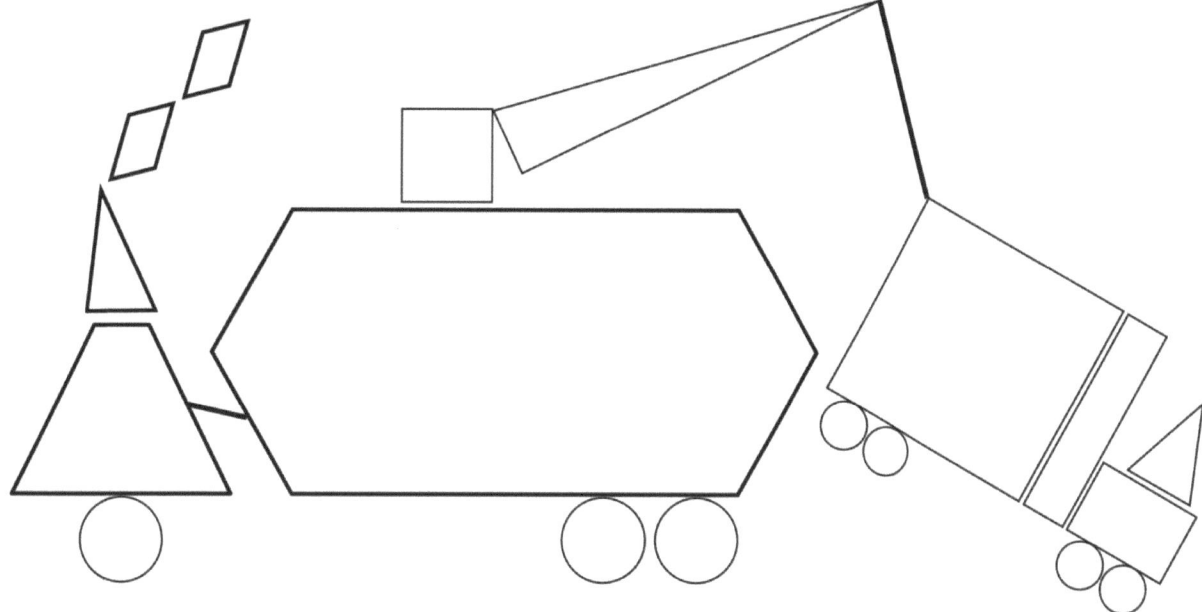

a. ԿԱՐՄԻՐ—4-կողմանի պատկեր. _____

b. ԿԱՆԱՉ—3-կողմանի պատկեր. _____

c. ԴԵՂԻՆ—5-կողմանի պատկեր. _____

d. ՍԵՎ—6-կողմանի պատկեր. _____

e. ԿԱՊՈՒՅՏ—առանց անկյունների պատկեր. _____

2. Շրջանակի մեջ վերցրեք ուղղանկյուն պատկերները:

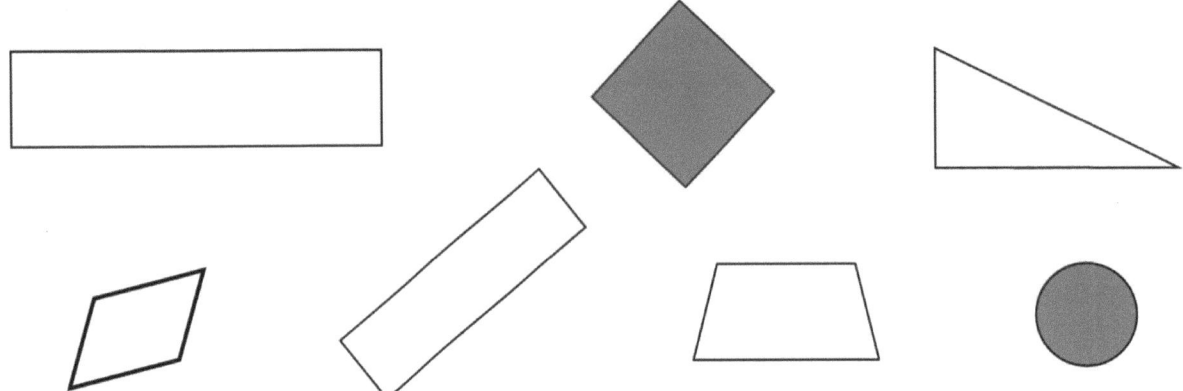

3. Պատկերը ուղղանկյո՞ւն է: Բացատրեք, թե ինչպես եք մտածում:

a.

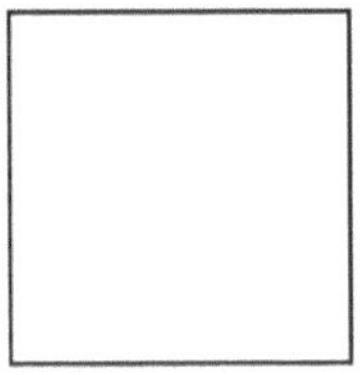

b.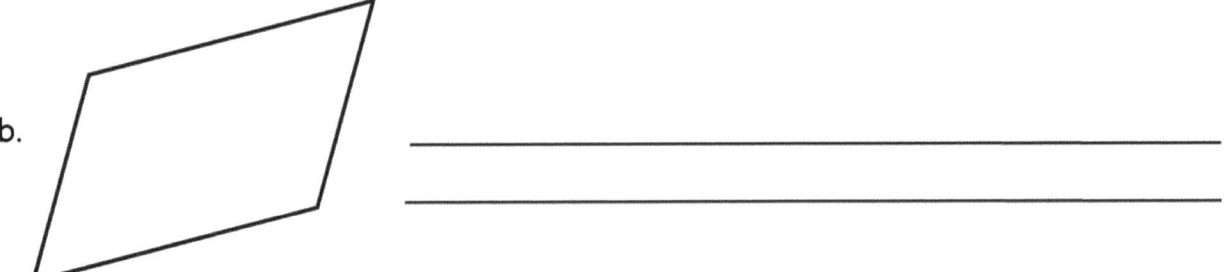

ՄԻԱՎՈՐՆԵՐԻ ՊԱՏՄՈՒԹՅՈՒՆ Դաս 2 Ստուգողական աշխատանք 1•5

Անուն _____ Ամսաթիվ _____

Գրեք յուրաքանչյուր պատկերի անկյունների և կողմերի քանակը: Ապա համապատասխանեցրեք պատկերը՝ իր անվան հետ: Հիշեք, որ մի քանի հատուկ պատկեր կարող են ունենալ ավելի քան մեկ անուն:

1. 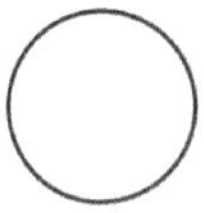
○
____ անկյուններ
____ ուղիղ կողմեր

եռանկյուն

2. 
▽
____ անկյուններ
____ ուղիղ կողմեր

շրջանակ

3. 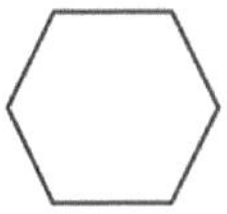
⬡
____ անկյուններ
____ ուղիղ կողմեր

ուղղանկյուն

վեցանկյուն

4. 
□
____ անկյուններ
____ ուղիղ կողմեր

քառակուսի

շեղանկյուն

Դաս 2. Գտեք և անվանեք երկչափական պատկերները, ներառյալ սեղանը, շեղանկյունը և ուղղանկյունը, որպես հատուկ ուղղանկյուն՝ ելնելով կողմերի և անկյունների սահմանող հատկություններից

Copyright © Great Minds PBC

Կարդացեք

Ռոզը նկարում է 6 եռանկյուն: Մարիան նկարում է 7 եռանկյուն: Քանիսո՞վ ավելի եռանկյուն ունի Մարիան Ռոզից:

Նկարեք

Գրեք

Դաս 2. Գտեք և անվանեք եռաչափ երկրաչափական պատկերները, ներառյալ կոն և ուղղանկյունանձև հատվածակողմը՝ հիմնվելով դիմերեսների հատկությունների և դրանց սահմանող կետերի վրա

ՄԻԱՎՈՐՆԵՐԻ ՊԱՏՄՈՒԹՅՈՒՆ

Դաս 3 Խնդիրներ 1•5

Անուն _____ Ամսաթիվ _____

1. Առաջին 4 օբյեկտների վրա գունավորեք հարթ մակերեսներից մեկը կարմիր: Համապատասխանեցրեք յուրաքանչյուր եռաչափ պատկեր իր անվանմանը:

   a. 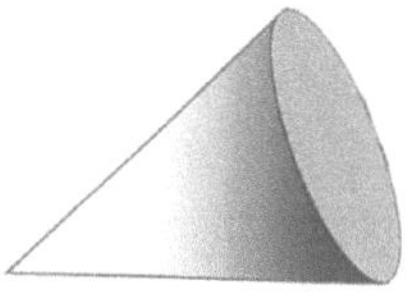

   ● | Ուղղանկյունաձև պրիզմա |

   b. 

   ● | Կոն |

   c. 

   ● | Գունդ |

   d. 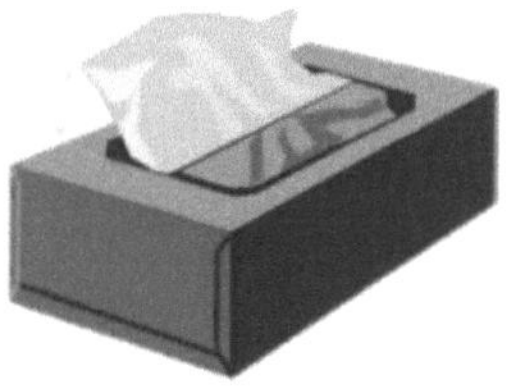

   ● | Գլան |

   e. 

   ● | Խորանարդ |

   Դաս 3. Գտեք և անվանեք եռաչափ երկրաչափական պատկերները, ներառյալ կոն և ուղղանկյունաձև հատվածակողմը` հիմնվելով դիմերեսների հատկությունների և դրանց սահմանող կետերի վրա

   197

2. Գրեք յուրաքանչյուր առարկայի անունը ճիշտ սյունակում:

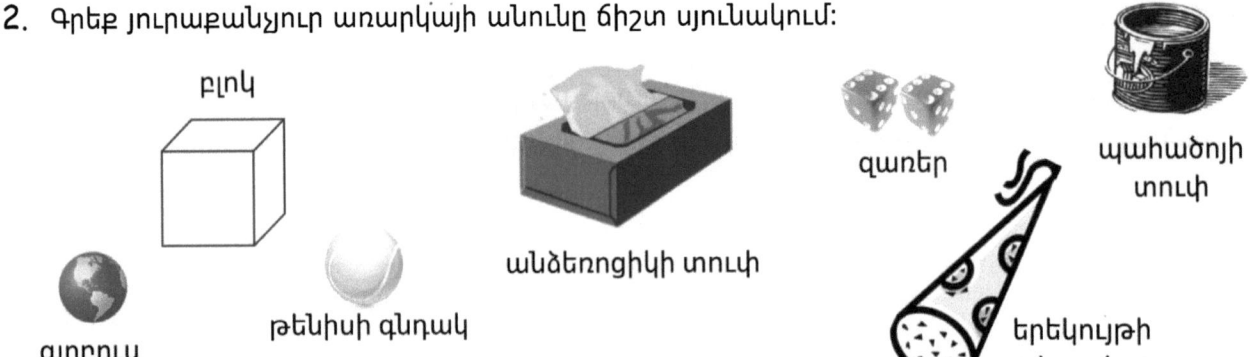

բլոկ
անձեռոցիկի տուփ
զառեր
պահածոյի տուփ
գլոբուս
թենիսի գնդակ
երեկույթի գլխարկ

Խորանարդներ	Գնդեր	Կոներ	Ուղղանկյունաձև պրիզմաներ	Գլաններ

3. Շրջանակի մեջ առեք հատկությունները, որոնք նկարագրում են *ԲՈԼՈՐ* գնդերը:

չունեն ուղիղ կողմեր

կլոր են

կարող են գլորվել

կարող են ցատկել

4. Շրջանակի մեջ առեք հատկությունները, որոնք նկարագրում են *ԲՈԼՈՐ* խորանարդները:

ունեն քառակուսի դիմերեսներ

կարմիր են

պինդ են

ունեն 6 դիմերես

Անուն _____ Ամսաթիվ _____

Շրջանակի մեջ վերցրեք ճիշտը կամ սխալը: Մեկ նախադասություն գրեք՝ բացատրելու ձեր պատասխանը: Անհրաժեշտության դեպքում օգտագործեք բառարանը:

Բառերի բանկ

| դիմերեսներ | շրջանակ | քառակուսի |
| կողմեր | ուղղանկյուն | կետ |

1.

Սա կարող է գլան լինել։ Ճիշտ կամ Սխալ

2.

Այս հյութի տուփը խորանարդ է։ Ճիշտ կամ Սխալ

Դաս 3. Գտեք և անվանեք եռաչափ երկրաչափական պատկերները, ներառյալ կոն և ուղղանկյունաձև հատվածակողմը՝ հիմնվելով դիմերեսների հատկությունների և դրանց սահմանող կետերի վրա

Կարդացեք

Անտոնը պատրաստեց 5 խորանարդ բարձրությամբ աշտարակ։ Բենը պատրաստեց 7 խորանարդ բարձրությամբ աշտարակ։ Որքա՞ն է Բենի աշտարակը բարձր Անտոնի աշտարակից։

Նկարեք

Գրեք

___
___
___

ՄԻԱՎՈՐՆԵՐԻ ՊԱՏՈՒԹՅՈՒՆ

Դաս 4 Խնդիրներ 1•5

Անուն _____ Ամսաթիվ _____

Օգտագործեք մոդելային աղյուսներ՝ հետևյալ պատկերները կազմելու համար: Նկարեք կամ գծեք՝ ձեր աշխատանքը ցույց տալու համար:

1. Օգտագործեք 3 եռանկյուն՝ 1 սեղան կազմելու համար:	2. Օգտագործեք 4 քառակուսի՝ 1 մեծ քառակուսի կազմելու համար:
3. Օգտագործեք 6 եռանկյուն՝ 1 վեցանկյուն կազմելու համար:	4. Օգտագործեք 1 սեղան, 1 շեղանկյուն և 1 եռանկյուն՝ 1 վեցանկյուն կազմելու համար:

Դաս 4. Ստեղծեք բաղադրյալ ֆիգուրներ երկչափ ֆիգուրներից

Copyright © Great Minds PBC

5. Կազմեք ուղղանկյուն՝ օգտագործելով ձեր մոդելային աղյուսների քառակուսիները: Գծանշեք քառակուսիները՝ ձեր պատրաստած ուղղանկյունը ցույց տալու համար:

6. Քանի՞ քառակուսի եք տեսնում այս ուղղանկյան մեջ:

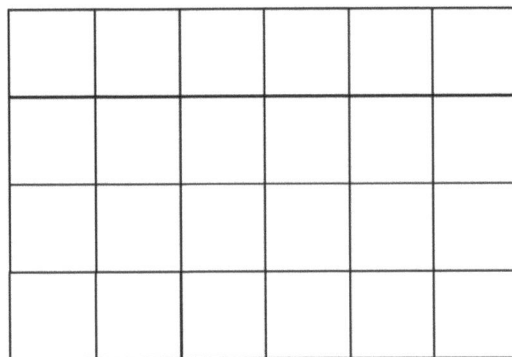

Կարող եմ գտնել__________ քառակուսի այս ուղղանկյան մեջ:

7. Օգտագործեք ձեր մոդելային աղյուսները՝ նկար պատրաստելու համար: Գծանշեք պատկերները՝ ցույց տալու համար, թե ինչ եք պատրաստել: Ընկերոջն ասեք, թե ինչ պատկերներ եք օգտագործել: Կարո՞ղ եք գտնել որևէ ավելի մեծ պատկեր ձեր նկարում:

204 Դաս 4. Ստեղծեք բաղադրյալ ֆիգուրներ երկչափ ֆիգուրներից: EUREKA MATH

Անուն ______________________________ Ամսաթիվ ______________

Օգտագործեք մոդելային աղյուսներ՝ հետևյալ պատկերները կազմելու համար: Գծանշեք կամ նկարեք ցույց տալու համար, թե ինչ եք արել:

1. Օգտագործեք 3 շեղանկյուն՝ վեցանկյուն կազմելու համար:	2. Օգտագործեք 1 վեցանկյուն և 3 եռանկյուն՝ մեկ մեծ եռանկյուն կազմելու համար:

EUREKA MATH Դաս 4. Ստեղծեք բաղադրյալ ֆիգուրներ երկչափ ֆիգուրներից: 205

ՄԻԱՎՈՐՆԵՐԻ ՊԱՏՄՈՒԹՅՈՒՆ

Դաս 5 Գործնական խնդիր 1•5

Կարդացեք

Դանիելը և Թամրան համեմատում են իրենց խաղողները։ Դանիելի ողկույզն ունի 9 խաղող։ Թամրայի ողկույզն ունի 6 խաղող։ Որքա՞ն ավել խաղողի հատիկ ունի Դանիելը Թամրայից։

Նկարեք

Գրեք

_____

_____

_____

Դաս 5.   Ստեղծեք նոր պատկեր բաղադրյալ պատկերներից։

Անուն _____ Ամսաթիվ _____

1.
   a. Քանի՞ պատկեր է օգտագործվել՝ այս մեծ քառակուսին կազմելու համար:

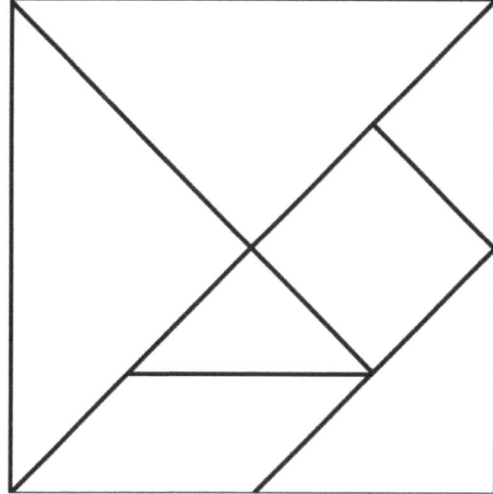

   Այս մեծ քառակուսում կան _____ պատկերներ:

   b. Որո՞նք են այն 3 պատկերները, որոնք օգտագործվել են մեծ քառակուսին կազմելու համար:

   _____ _____ _____

2. Օգտագործեք ձեր թանգրամի մասերից 2-ը՝ քառակուսի կազմելու համար: Ո՞ր 2 կտորներն եք օգտագործել: Նկարեք կամ գծանշեք՝ ցույց տալու համար մասերը, որոնք օգտագործել եք:

3. Օգտագործեք ձեր թանգրամի մասերից 4-ը՝ սեղան կազմելու համար: Նկարեք կամ գծանշեք՝ ցույց տալու համար մասերը, որոնք օգտագործել եք:

ՄԻԱՎՈՐՆԵՐԻ ՊԱՏՄՈՒԹՅՈՒՆ   Դաս 5 Խնդիրներ   1•5

4. Օգտագործեք թանգրամի բոլոր 7 կտորները գլուխկոտրուկը լրացնելու համար:

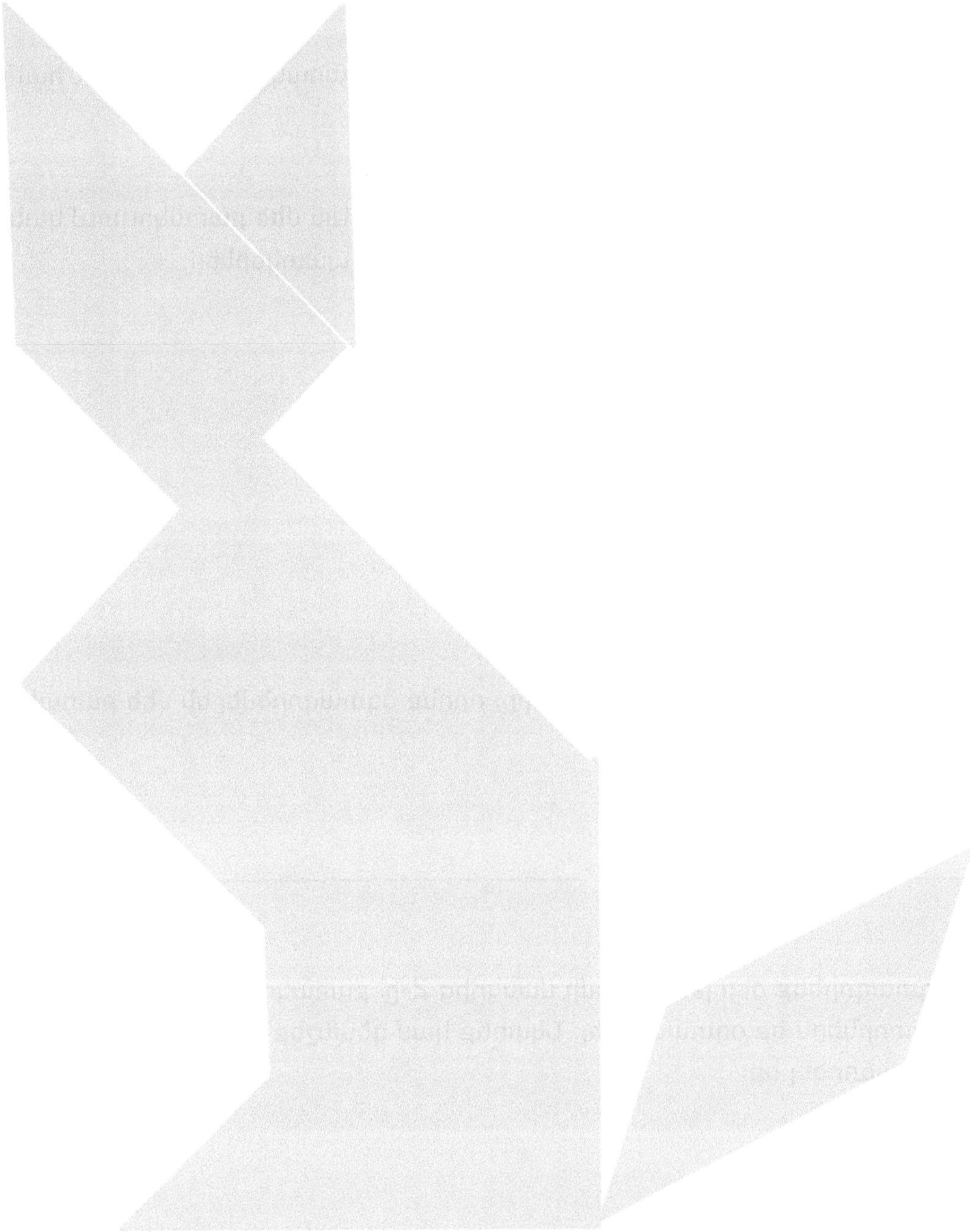

5. Ընկերոջ հետ պատրաստեք թռչուն կամ ծաղիկ՝ օգտագործելով ձեր բոլոր կտորները: Նկարեք կամ գծանշեք՝ ցույց տալու համար օգտագործած կտորները թղթի հակառակ կողմում: Փորձեք, որպեսզի տեսնեք, թե ինչ այլ առարկաներ կարող եք պատրաստել ձեր կտորներից: Նկարեք կամ գծանշեք՝ ցույց տալու համար, թե ինչ եք կազմել ձեր թղթի հակառակ կողմում:

Անուն _____ Ամսաթիվ _____

Օգտագործեք բառեր կամ նկարներ՝ ցույց տալու համար, թե ինչպես կարող եք 3 ավելի փոքր պատկերներից կազմել ավելի մեծ պատկերներ: Հիշեք, որպեսզի օգտագործեք պատկերների անունները ձեր օրինակներում:

Դաս 5.   Ստեղծեք նոր պատկեր բաղադրյալ պատկերներից

ՄԻԱՎՈՐՆԵՐԻ ՊԱՏՄՈՒԹՅՈՒՆ

Դաս 5 Ձևանմուշ 1•5

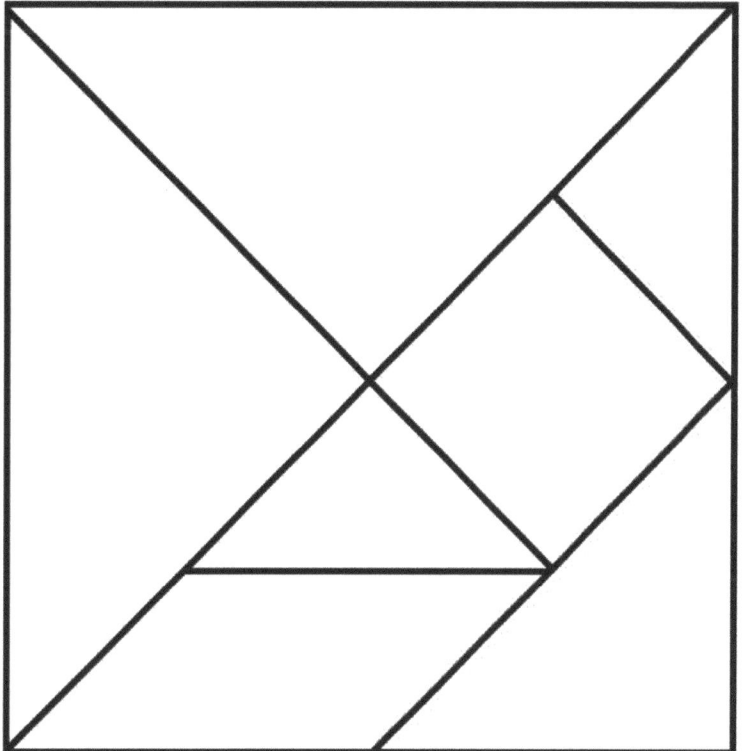

թանգրամ

Դաս 5. Ստեղծեք նոր պատկեր բաղադրյալ պատկերներից

Կարդացեք

Էմին շարեց 4 դեղին խորանարդները մի շարքում։ Ֆրանը շարեց 7 կապույտ խորանարդները մի շարքում։ Ո՞վ ունի ավելի քիչ խորանարդ։ Որքա՞ն քիչ խորանարդ ունի նա։

Նկարեք

Գրեք

_____

_____

_____

Անուն ________________________ Ամսաթիվ ____________

1. Աշխատեք ընկերոջ հետ և պատրաստեք մեկ այլ կառույց ձեր եռաչափ պատկերներով: Կարող եք օգտագործել այնքան կտորներ՝ որքան կուզեք:

2. Լրացրեք աղյուսակը՝ ցույց տալու համար ձեր օգտագործած յուրաքանչյուր պատկերի քանակը:

Խորանարդներ	
Գնդեր	
Ուղղանկյունաձև պրիզմաներ	
Գլաններ	
Կոներ	

3. Ո՞ր պատկերն եք օգտագործել ձեր կառույցի վերևում: Ինչո՞ւ:

4. Կա՞ պատկեր, որն ընտրել եք չօգտագործելու համար: Ինչո՞ւ այո, կամ ոչ:

Անուն ______________________________ Ամսաթիվ ______________

Մարիան կառույց պատրաստեց՝ օգտագործելով իր եռաչափ պատկերը: Օգտագործեք ձեր պատկերը՝ կազմելու համար նույն կառույցից, որից պատրաստել է Մարիան՝ ինչպես նկարագրում է ձեր ուսուցիչը:

Մարիայի կառույցն ունի հետևյալը.

- 1 ուղղանկյուն պրիզմա սեղանին դիպչող ամենակարճ դիմերեսով:
- 1 խորանարդը վերևում և ուղղանկյուն պրիզման աջ կողմում:
- 1 գլանը խորանարդի գագաթին, շրջանաձև դիմերեսով, դիպչելով խորանարդին:

Դաս 6. Ստեղծեք բաղադրյալ պատկեր եռաչափ պատկ երներից և նկարագրեք բաղադրյալ պատկերը՝ օգտագործելով պատկերների անվանումները և դիրքերը

ՄԻԱՎՈՐՆԵՐԻ ՊԱՏՄՈՒԹՅՈՒՆ   Դաս 7 Գործնական խնդիր   1•5

Կարդացեք

Փիթերը դրեց 5 ուղղանկյուն պրիզմա՝ 5 աշտարակ: Նա դրեց կոնը աշտարակներից 3-րդի վերևում: Քանի՞ կոն է անհրաժեշտ, որպեսզի Փիթերը դնի յուրաքանչյուր աշտարակում կազմելու համար:

Նկարեք

Գրեք

_____

_____

_____

Դաս 7.   Անվանեք և հաշվեք պատկերները, որպես ամբողջի մասեր՝ գտնելով մասերի հարաբերական չափերը

ՄԻԱՎՈՐՆԵՐԻ ՊԱՏՄՈՒԹՅՈՒՆ   Դաս 7 Խնդիրներ   1•5

Անուն _____   Ամսաթիվ _____

1. Պատկերները բաժանվա՞ծ են հավասար մասերի: Գրեք **Ա`** այո ասելու համար, կամ **Ո`** ոչ ասելու համար: Եթե պատկերներն ունեն հավասար մասեր, ապա գրեք, թե քանի հավասար մաս կա ուղիղի վրա: Առաջինն արված է ձեզ համար:

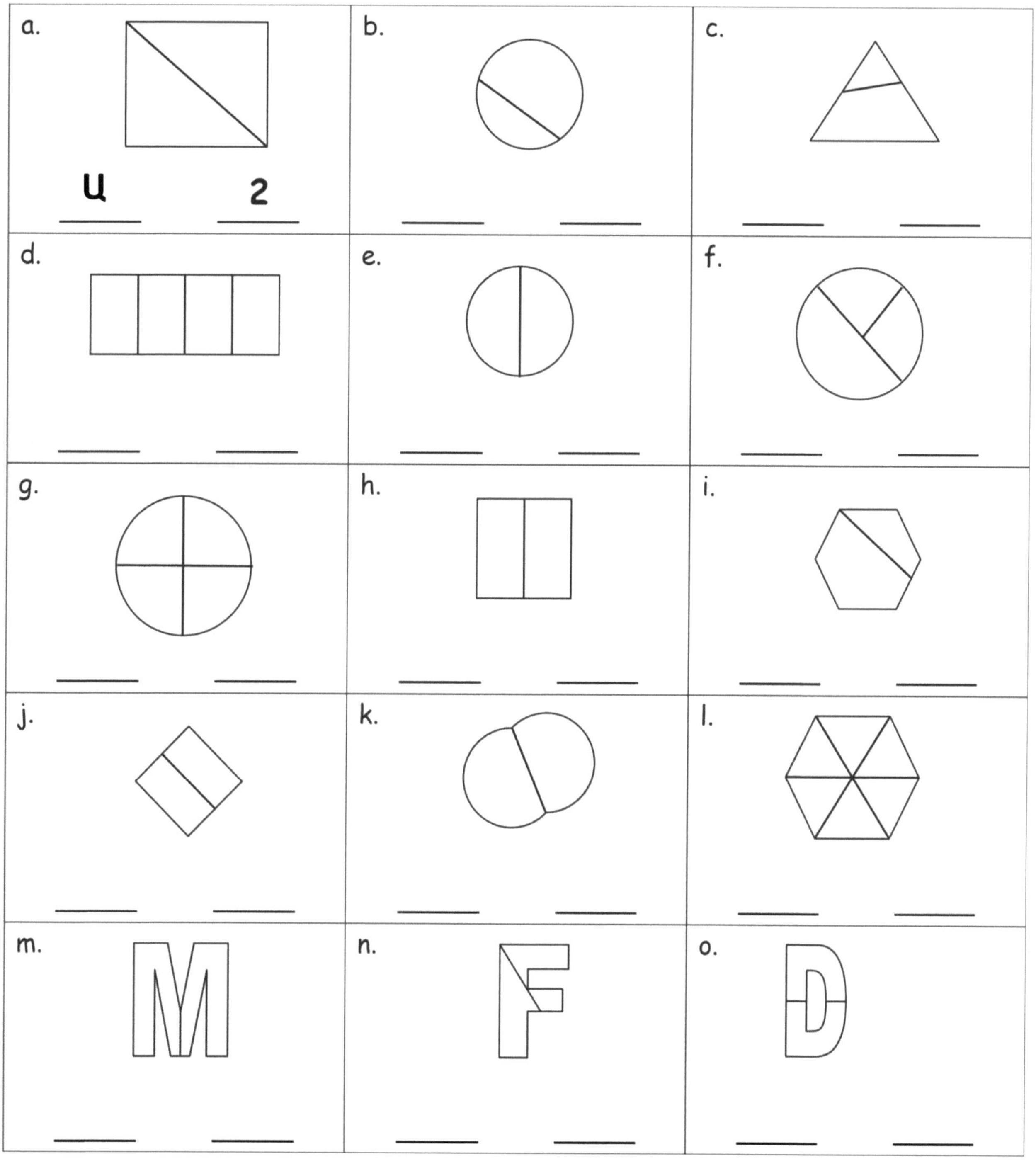

a. [square with diagonal] **Ա** **2**	b. [circle with diagonal line] ___ ___	c. [triangle with line] ___ ___
d. [rectangle split in 4] ___ ___	e. [circle split vertically] ___ ___	f. [circle split in 3] ___ ___
g. [circle split in 4] ___ ___	h. [rectangle split in 2] ___ ___	i. [hexagon with line] ___ ___
j. [rhombus with line] ___ ___	k. [two circles joined] ___ ___	l. [hexagon split in 6] ___ ___
m. M ___ ___	n. F ___ ___	o. D ___ ___

Դաս 7.   Անվանեք և հաշվեք պատկերները, որպես ամբողջի մասեր` գտնելով մասերի հարաբերական չափերը   223

Copyright © Great Minds PBC

2. Գրեք յուրաքանչյուր պատկերի հավասար մասերի քանակը:

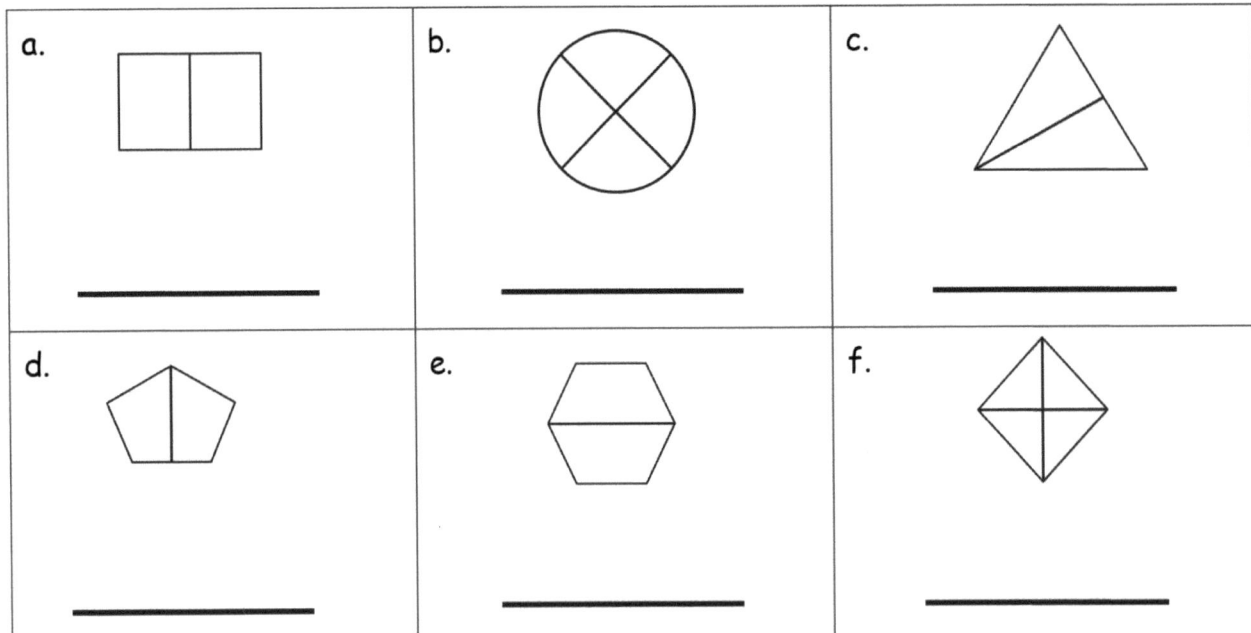

a. ____________	b. ____________	c. ____________
d. ____________	e. ____________	f. ____________

3. Գծեք մի գիծ՝ այս եռանկյունից 2 հավասար եռանկյուն կազմելու համար:

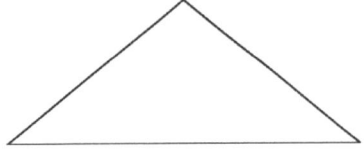

4. Գծեք մի գիծ՝ այս քառակուսին 2 հավասար մաս դարձնելու համար:

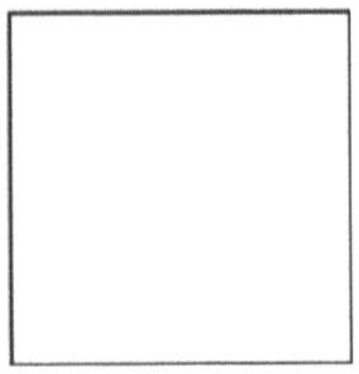

5. Գծեք երկու գիծ՝ այս քառակուսին 4 հավասար քառակուսի դարձնելու համար:

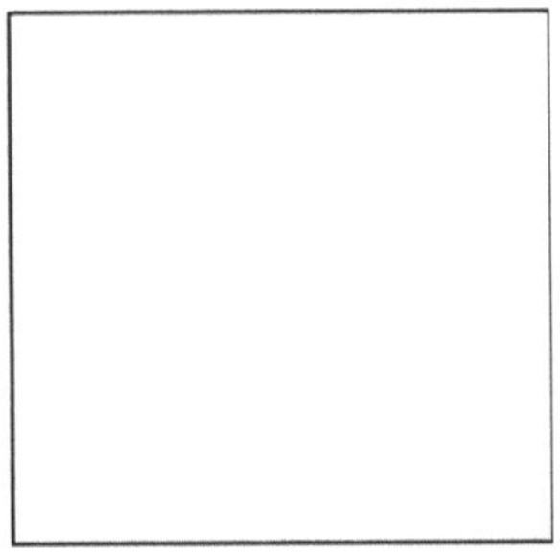

Անուն ________________________________ Ամսաթիվ ________________

Շրջանակի մեջ վերցրեք այն պատկերը, որն ունի հավասար մասեր:

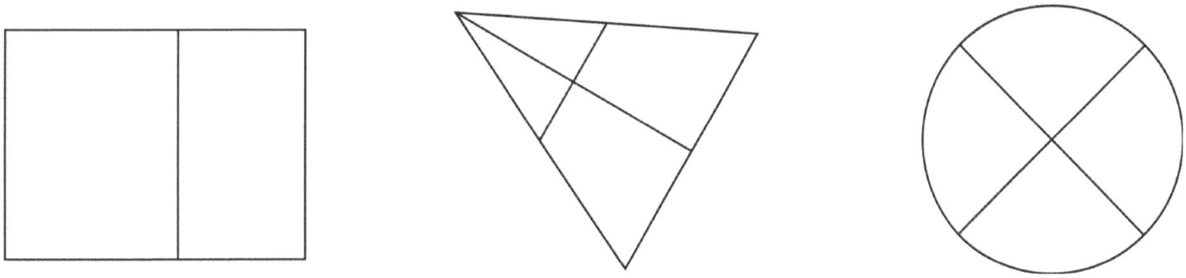

Քանի՞ հավասար մաս ունի պատկերը: ________

Կարդացեք

Փիթերը և Ֆրանը՝ յուրաքանչյուրն ունեն հավասար քանակությամբ մոդելների բլոկներ։ Ընդամենը կա 12 մոդելների բլոկ։ Քանի՞ մոդելների բլոկ ունի Ֆրանը։

Նկարեք

Գրեք

Անուն ________________________ Ամսաթիվ ____________

1. Մասերը բաժանվա՞ծ են կեսերի: Գրեք այո կամ ոչ:

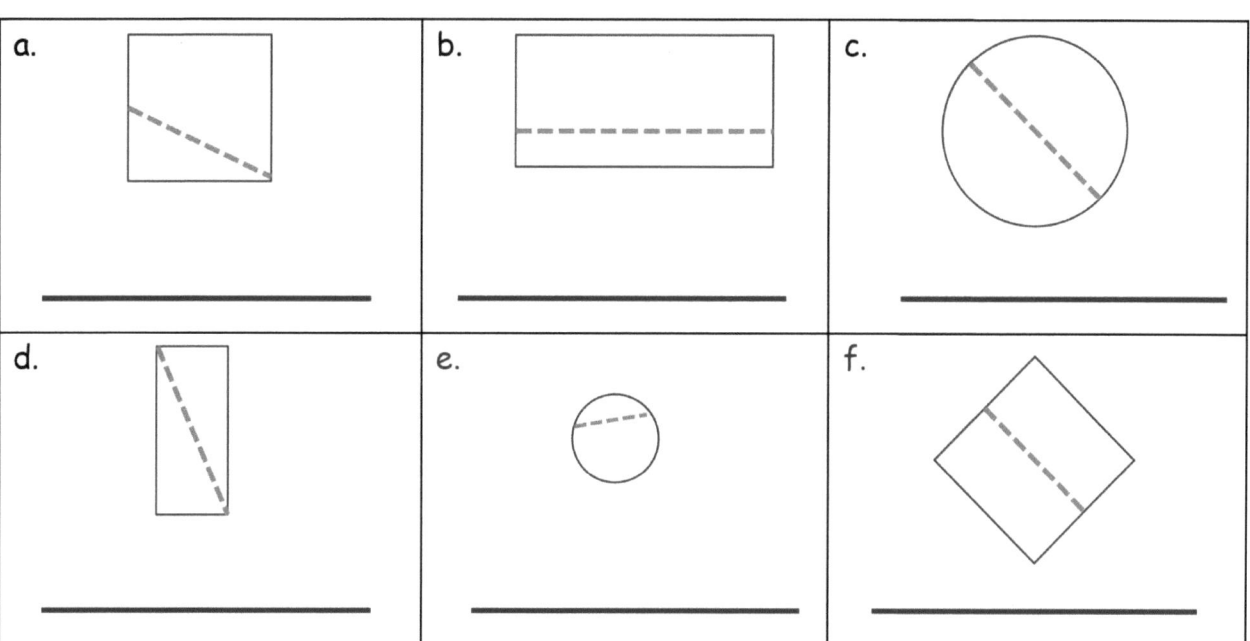

a.
______

b.
______

c.
______

d.
______

e.
______

f.
______

2. Պատկերները բաժանվա՞ծ են քառորդների: Գրեք այո կամ ոչ:

a.
______

b.
______

c.
______

d.
______

e.
______

f.
______

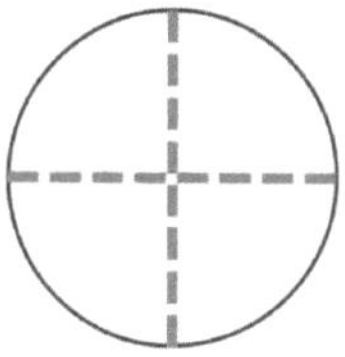

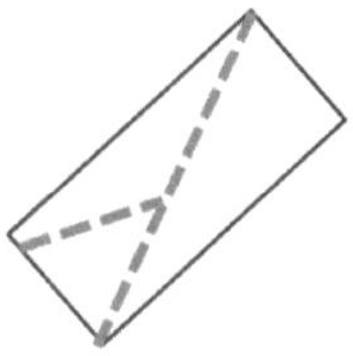

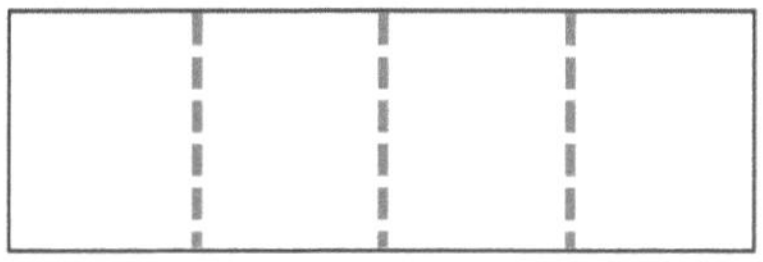

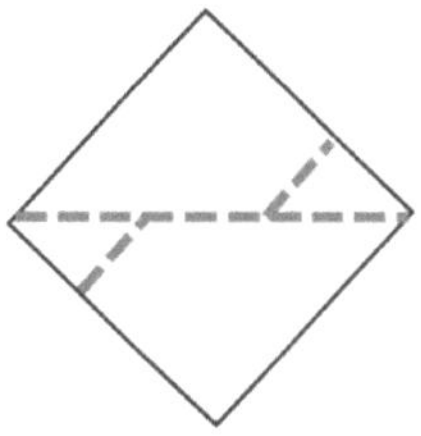

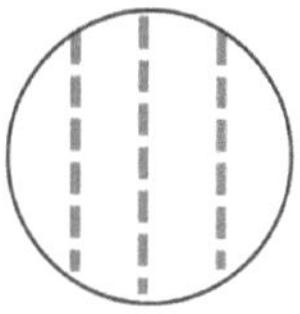

3. Գունավորեք յուրաքանչյուր պատկերի կեսը:

a.

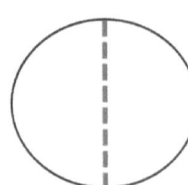

b.

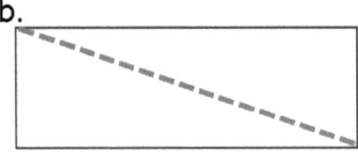

c.

d.

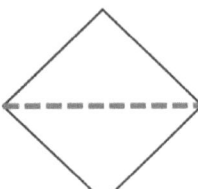

e.

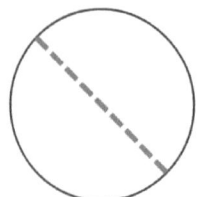

f.

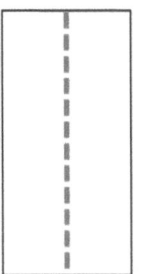

4. Գունավորեք յուրաքանչյուր պատկերի 1 չորրորդը:

a.

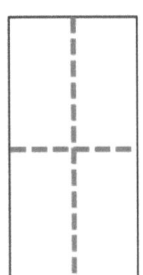

b.

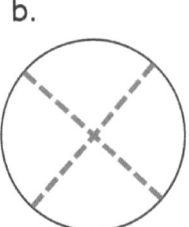

c.

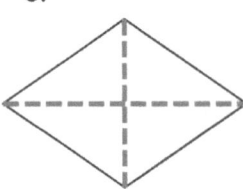

d.

e.

EUREKA MATH

Անուն _____   Ամսաթիվ _____

Գունավորեք այս քառակուսու 1 քառորդը: 	Գունավորեք այս ուղղանկյան կեսը: 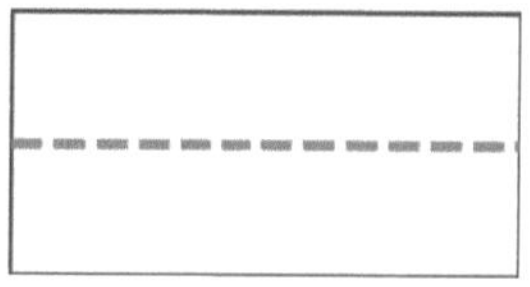
Գունավորեք այս քառակուսու կեսը: 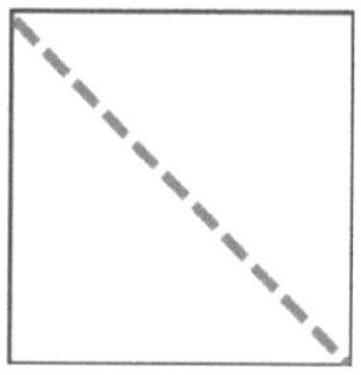	Գունավորեք այս շրջանի քառորդը: 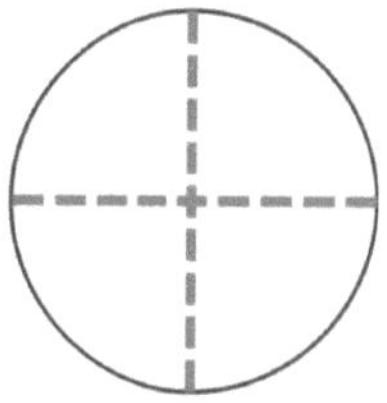

Դաս 8.   Մասնատեք պատկերները և գտեք շրջանների և ուղղանկյունների կեսերը և քառորդ մասերը

ՄԻԱՎՈՐՆԵՐԻ ՊԱՏՄՈՒԹՅՈՒՆ Դաս 8 Ձևանմուշ 2

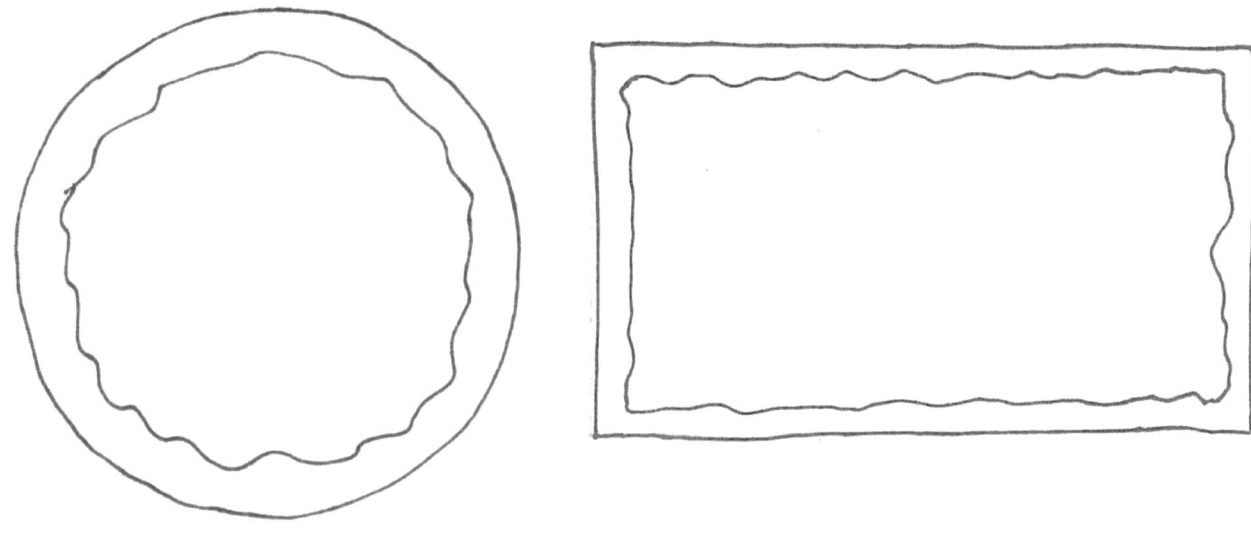

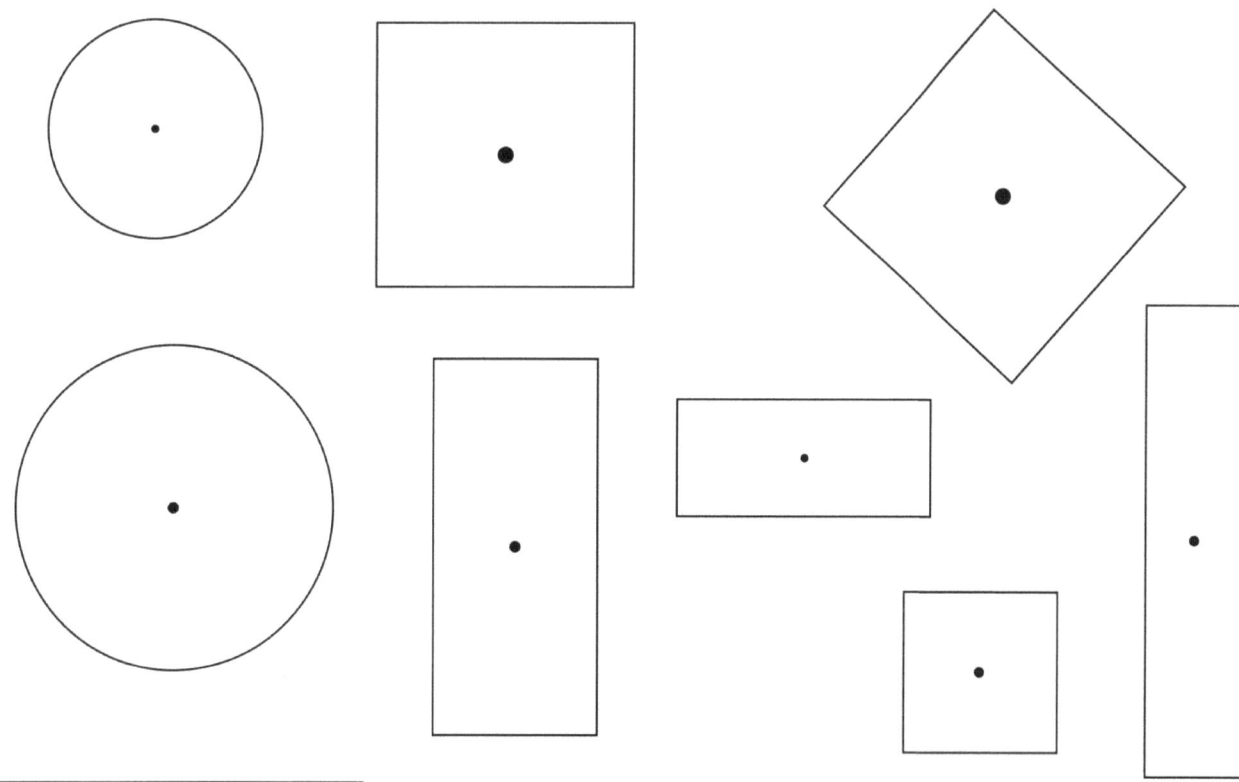

Շրջաններ և ուղղանկյուններ

Դաս 8. Մասնատեք պատկերները և գտեք շրջանների և ուղղանկյունների կեսերը և քառորդ մասերը

Կարդացեք

Էմին կտրեց քառակուսի բրաունին քառորդի: Նկարեք բրաունին:

Էմին նվիրեց բրաունիի 3 մասը: Քանի՞ կտոր նրան մնաց:

Լրացում. Ի՞նչ մաս կամ կոտորակ մնաց բրաունիից:

Նկարեք

Գրեք

ՄԻԱՎՈՐՆԵՐԻ ՊԱՏՄՈՒԹՅՈՒՆ   Դաս 9 Խնդիրներ   1•5

Անուն _____   Ամսաթիվ _____

Նշեք յուրաքանչյուր նկարի մգացրած մասը, որպես պատկերի կես կամ պատկերի մեկ քառորդ:

1.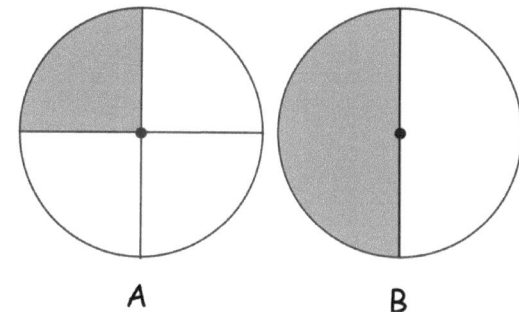

Ո՞ր պատկերը բաժանվեց ամենաշատ հավասար մասերի: _____

Ո՞ր պատկերն ունի ավելի մեծ հավասար մասեր: _____

Ո՞ր պատկերն ունի ավելի փոքր հավասար մասեր: _____

2.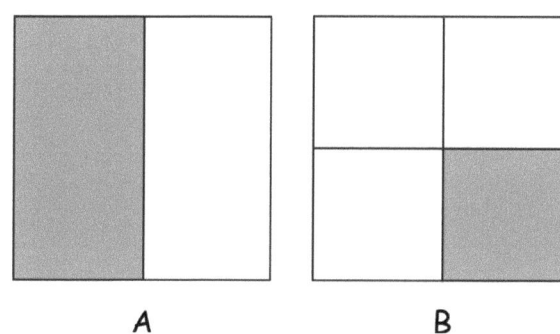

Ո՞ր պատկերը բաժանվեց ամենաշատ հավասար մասերի: _____

Ո՞ր պատկերն ունի ավելի մեծ հավասար մասեր: _____

Ո՞ր պատկերն ունի ավելի փոքր հավասար մասեր: _____

3. Շրջանակի մեջ վերցրեք ավելի մեծ մգացրած մասը: Շրջանակի մեջ վերցրեք արտահայտությունը, որը նախադասությունը ճիշտ է դարձնում:

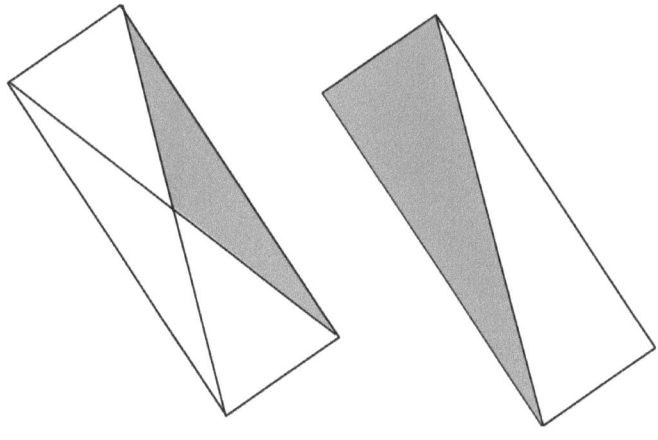

Ավելի մեծ մգացրած մասն

ամբողջ պատկերի

(կես / մեկ քառորդ)

մասն է:

Դաս 9.   Մասնատեք պատկերները և գտեք շրջանների և ուղղանկյունների
         կեսերը և քառորդ մասերը

237

Ներկեք պատկերի մի մասը՝ այն նշագրին համապատասխանեցնելու համար:

Շրջանի մեջ առեք այն արտահայտությունը, որի դեպքում արտահայտությունը ճիշտ կլիներ:

4.

Շրջանի կեսը:

ավելի մեծ է, քան

ավելի փոքր է, քան

նույն չափի է, ինչ

շրջանի մեկ չորրորդը:

5.

Ուղղանկյան մեկ քառորդը

ավելի մեծ է, քան

ավելի փոքր է, քան

նույն չափի է, ինչ

ուղղանկյան կեսը:

6.

Քառակուսու մեկ քառորդը

ավելի մեծ է, քան

ավելի փոքր է, քան

նույն չափի է, ինչ

քառակուսու մեկ չորրորդը:

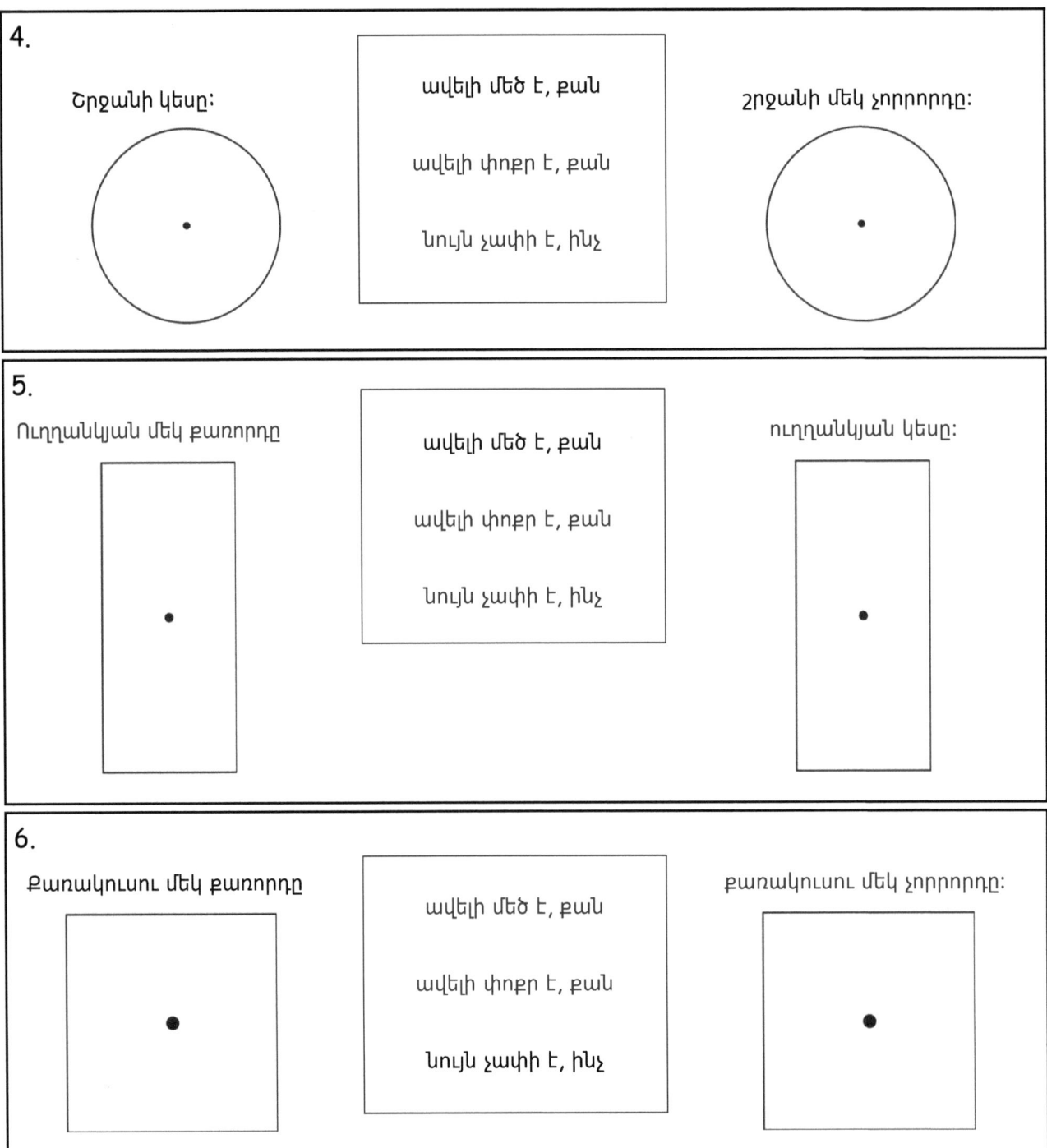

Անուն _____ Ամսաթիվ _____

1. Շրջանակի մեջ վերցրեք **Ճ**՝ որպես ճիշտ, կամ **Ս**՝ որպես սխալ:

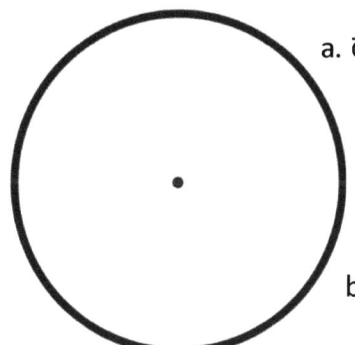

a. Շրջանակի մեկ չորրորդը ավելի մեծ է, քան շրջանակի կեսը:

                                                                       Ճ   Ս

b. Շրջանակը քառորդներով կտրելը ձեզ ավելի շատ կտորներ է տալիս, քան շրջանակը կեսով կտրելը: **Ճ   Ս**

2. Բացատրեք ձեր պատասխանն՝ օգտագործելով ներքևում գտնվող շրջանակները:

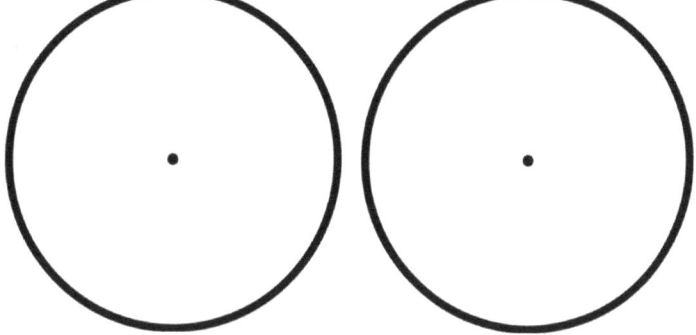

_____

_____

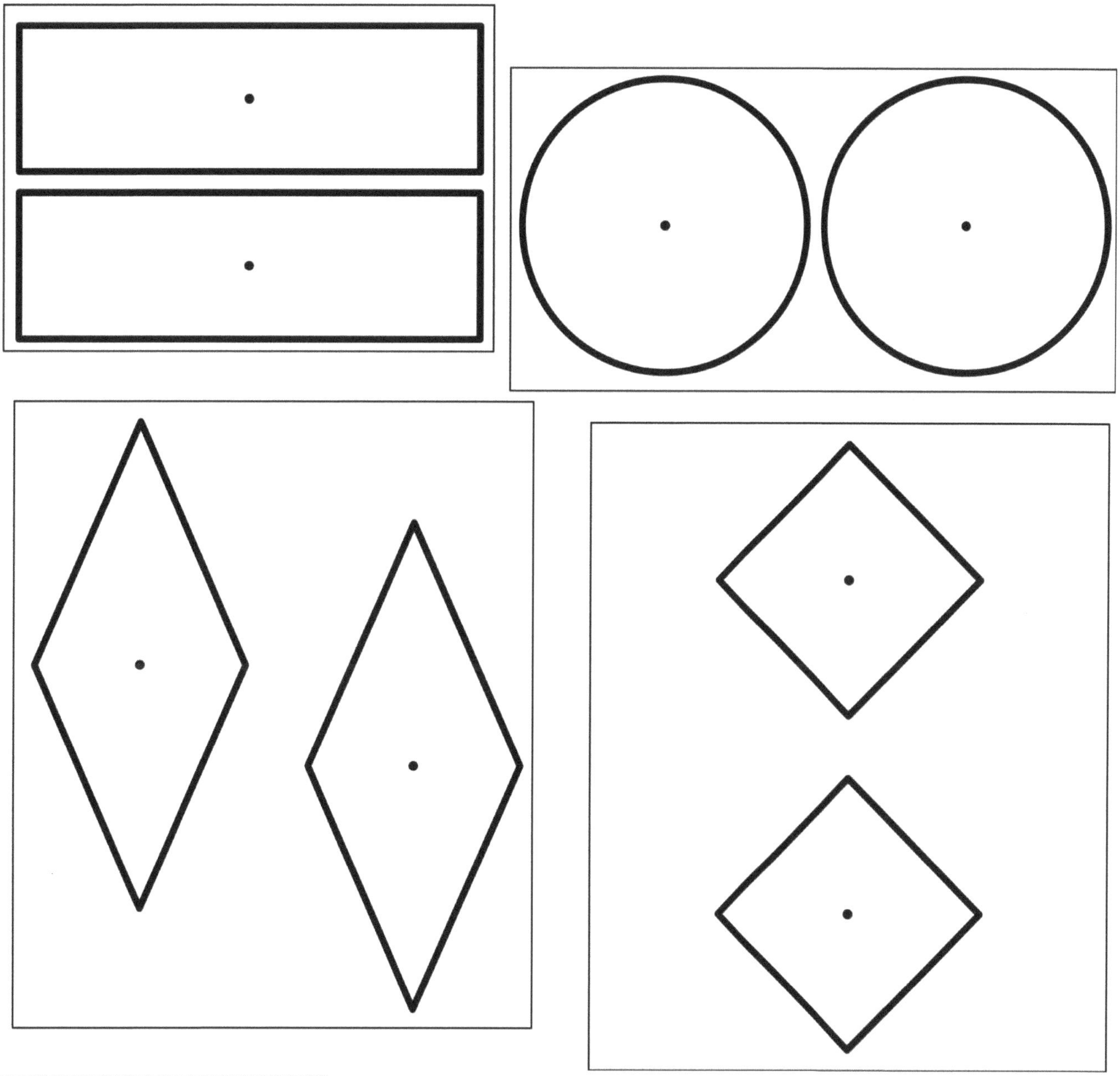

ՄԻԱՎՈՐՆԵՐԻ ՊԱՏՄՈՒԹՅՈՒՆ

Դաս 9 Ճեռնմուշ 1•5

_____
պատկերների զույգեր

Դաս 9. Մասնատեք պատկերները և գտեք շրջանների և ուղղանկյունների կեսերը և քառորդ մասերը

241

Կարդացեք

Քիմը նկարեց 7 շրջան: Շանիկան նկարեց 10 շրջան: Որքա՞ն քիչ շրջաններ է Քիմը նկարել Շանիկայից:

Նկարեք

Գրեք

_____

_____

_____

Անուն _____ Ամսաթիվ _____

1. Համապատասխանեցրեք այն ժամերը, որոնք ցույց են տալիս նույն ժամանակը։

a.

b.

c.

d.

2. Դրեք ժամացույցի սլաքը ժամի վրա այնպես, որ լինի ժամը 3-ը:

3. Գրեք յուրաքանչյուր ժամացույցի ցույց տված ժամը:

a. _______ : _______	b. ժամը _______	c. ժամը _______
d. ժամը _______	e. _______ : _______	f. ժամը _______
g. _______ : _______	h. ժամը _______	i. _______ : _______
j. ժամը _______	k. _______ : _______	l. ժամը _______
m. _______________	n. _______________	o. _______________

Անուն ______________________________ Ամսաթիվ ______________

Գրեք յուրաքանչյուր ժամացույցի ցույց տված ժամը:

1. ______________	2. ______________
3. ______________	4. ______________

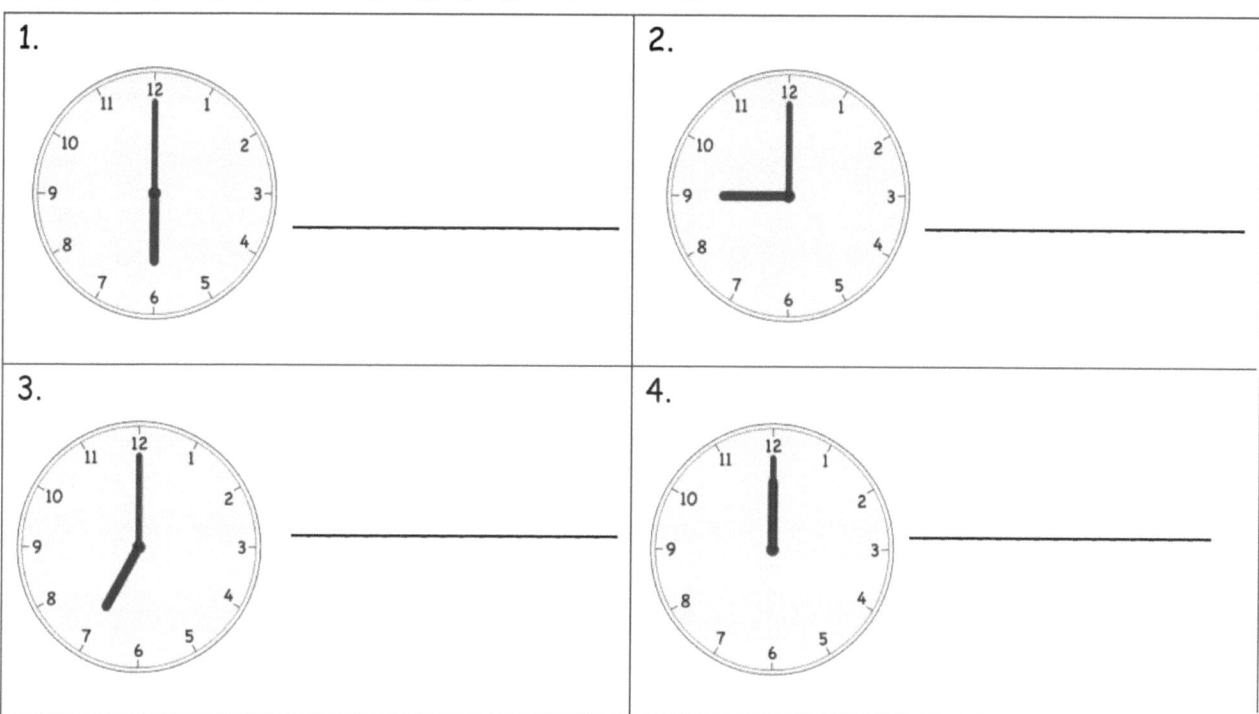

Կարդացեք

Թամրան իր տանն ունի 7 թվային ժամացույց և ընդամենը 2 շրջանաձև կամ անալոգային ժամացույց։ Որքա՞ն թվային ժամացույցից քիչ շրջանաձև ժամացույց ունի Թամրան իր տանը։ Ընդամենը քանի՞ ժամացույց ունի Թամրան։

Նկարեք

Գրեք

___

Դաս 11. Պարզեք շրջանաձև ժամացույցի կեսերը և ասեք ժամը՝ կես ժամի ճշգրտությամբ

Անուն _____ Ամսաթիվ _____

1. Համապատասխանեցրեք ժամացույցներն աջում գտնվող ժամերի հետ:

a.

b.

c.

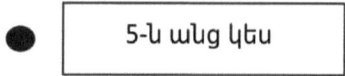 5-ն անց կես

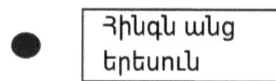 Հինգն անց երեսուն

12-ն անց կես

Երկուսն անց երեսուն

2. Նկարեք րոպեի սլաքը, որպեսզի ժամացույցը ցույց տա դրա վրա գրված ժամանակը:

a. Ժամը 7-ը   b. Ժամը 8-ը    c. 7:30

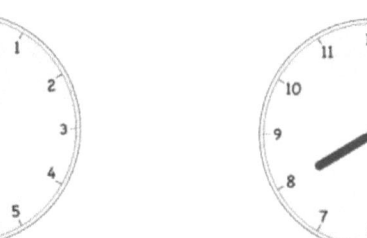  

d. 1:30   e. 2:30   f. Ժամը 2-ը

ՄԻԱՎՈՐՆԵՐԻ ՊԱՏՄՈՒԹՅՈՒՆ Դաս 11 Խնդիրներ 1•5

3. Գրեք յուրաքանչյուր ժամացույցի ցույց տված ժամը: Լրացրեք խնդիրները առաջին երկու օրինակի նման:

a.  3:30	b. 5:30 հինգն անց երեսուն	c.  _____
d. 12:30	e.  _____	f.  _____
g.  _____	h.  _____	i.  _____
j. 7:30	k.  _____	l. 10:30

4. Շրջանակի մեջ վերցրեք ժամը, որը ցույց է տալիս 12-ն անց կեսը:

a.    b.    c.

Անուն _____ Ամսաթիվ _____

Նկարեք րոպեի սլաքը, որպեսզի ժամացույցը ցույց տա դրա վրա գրված ժամանակը:

1.   9:30

2.   3:30

3. Գրեք ճիշտ ժամը գծի վրա:

 _____

Կարդացեք

Ստվերեք ժամերը նոր ժամից սկսած մինչև կես ժամ: Բացատրեք, թե ինչո՞ւ է այն նույնը, ինչ 30 րոպեն:

Նկարեք

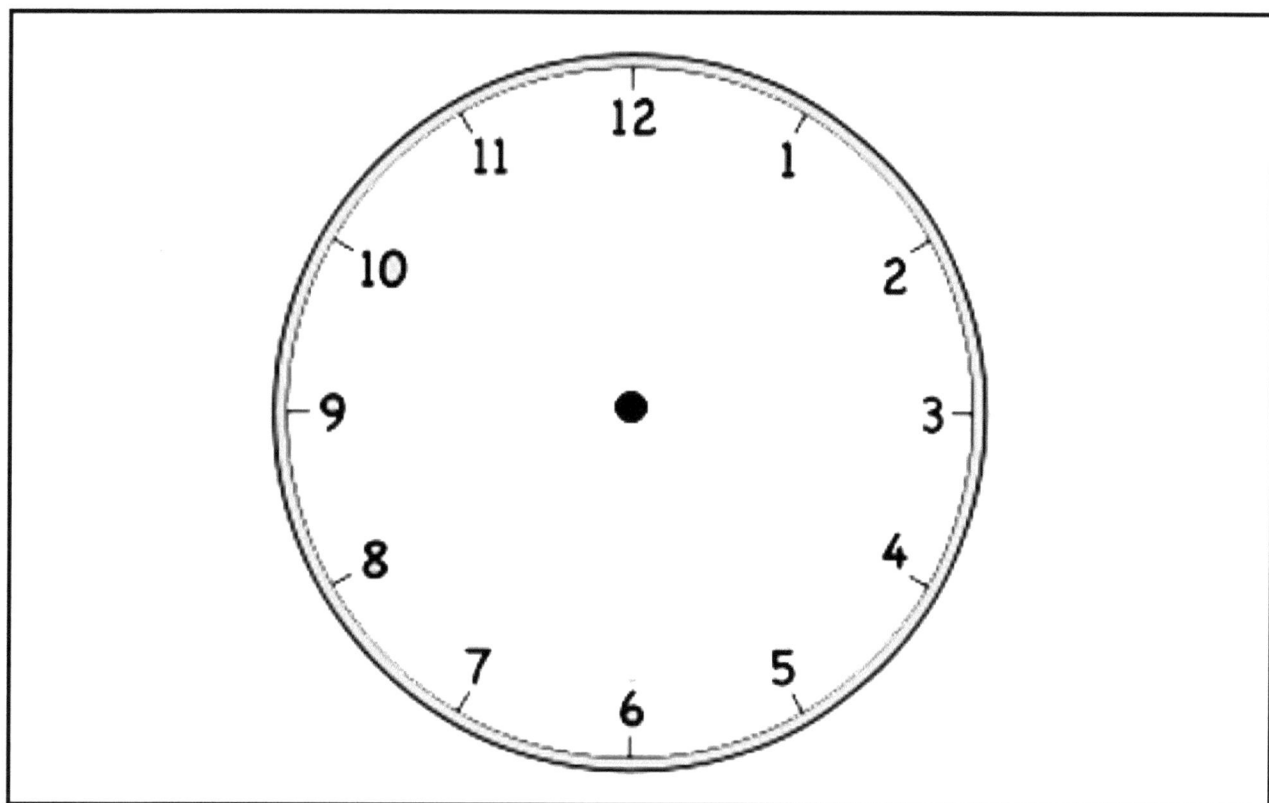

Գրեք

_____

_____

_____

Անուն ______________________________ Ամսաթիվ ______________

Լրացրեք բաց թողնվածները:

1.

A

B

________ ժամը ցույց է տալիս տասնմեկն անց կես:

2.

A

B

________ ժամը է տալիս երկուսն անց կես:

3.

A

B

________ ժամը ցույց է տալիս 6 անց կես:

4.

A

B

________ ժամը ցույց է տալիս 9:30:

5.

A

B

________ ժամը ցույց է տալիս վեց անց կես:

EUREKA MATH Դաս 12. Պարզեք շրջանաձև ժամացույցի կեսերը և ասեք ժամը՝ կես ժամի ճշգրտությամբ 257

6. Համապատասխանեցրեք ժամացույցները:

a. 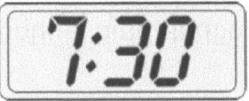 7-ն անց կես   7:30

b.  1-ն անց կես   7:00

c.  ժամը 7-ը    5:30

d.  5-ն անց կես   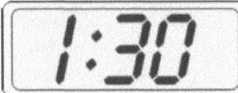 1:30

7. Նկարեք րոպեի և ժամի սլաքները ժամացույցի վրա:

a. 3:30   b. 8:30 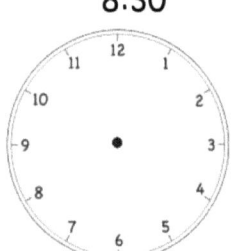   c. 11:00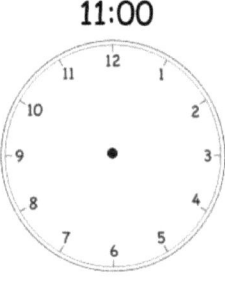

d. 6:00 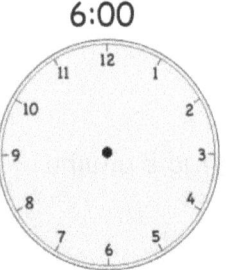   e. 4:30 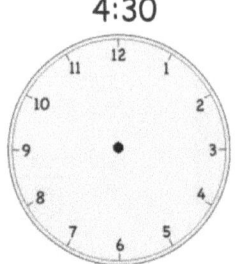   f. 12:30

Անուն _____ Ամսաթիվ _____

Նկարեք րոպեի և ժամի սլաքները ժամացույցի վրա:

1. 1:30

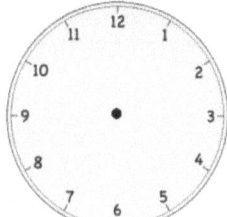

2. 10:00

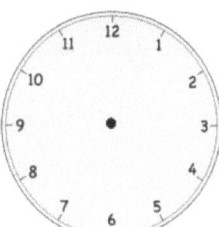

3. 5:30

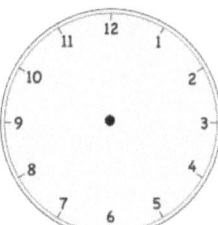

4. 7:30

ՄԻԱՎՈՐՆԵՐԻ ՊԱՏՄՈՒԹՅՈՒՆ

Կարդացեք

Բենը ժամացույցի կոլեկցիոներ է: Նա ունի 8 թվային և 5 շրջանաձև ժամացույց: Ընդամենը քանի՞ ժամացույց ունի Բենը: Թվային ժամացույցից որքա՞ն ավել ունի Բենը, քան շրջանաձև ժամացույց:

Նկարեք

Գրեք

_____

_____

_____

Դաս 13. Պարզեք շրջանաձև ժամացույցի կեսերը և ասեք ժամը՝ կես ժամի ճշգրտությամբ

Անուն _____ Ամսաթիվ _____

Շրջանի մեջ առեք ճիշտ ժամացույցը։ Գրեք ժամը գծում գտնվող մյուս երկու ժամացույցների համար։

1. Շրջանակի մեջ վերցրեք այն ժամը, որը ցույց է տալիս 1 անց կես։

   a.  b.  c.

   _____

   _____

2. Շրջանակի մեջ վերցրեք այն ժամը, որը ցույց է տալիս ժամը 7-ը։

   a.  b.  c.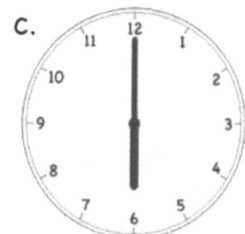

   _____

   _____

3. Շրջանակի մեջ վերցրեք այն ժամը, որը ցույց է տալիս 10 անց կես։

   a. 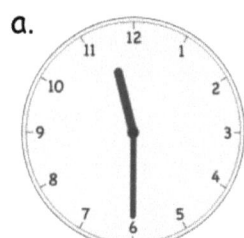 b.  c.

   _____

   _____

4. Ժամը քանի՞սն է։ Գրեք ժամերը գծի վրա։

   a. 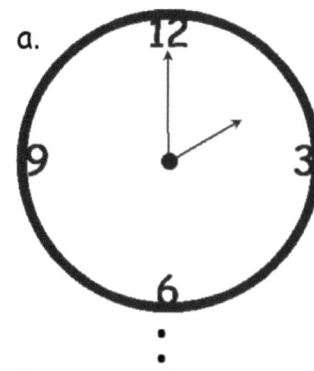 b.   c.

   _____   _____   _____

5. Նկարեք րոպեի և ժամի սլաքները ժամացույցի վրա:

a. 1:00

b. 1:30

c. 2:00

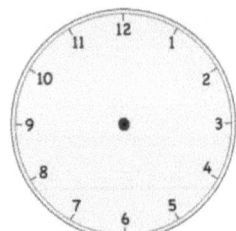

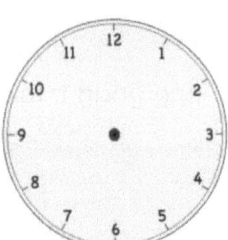

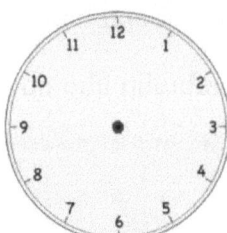

d. 6:30

e. 7:30

f. 8:30

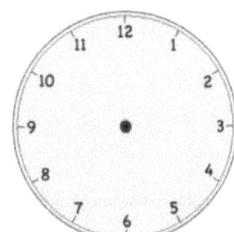

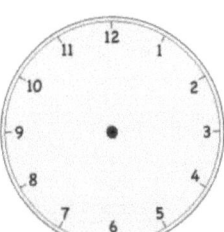

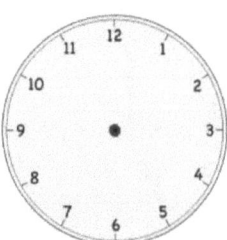

g. 10:00

h. 11:00

i. 12:00

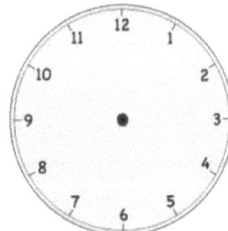

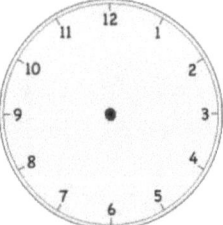

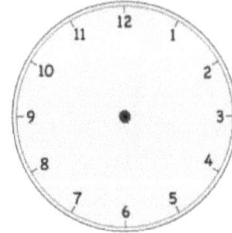

j. 9:30

k. 3:00

l. 5:30

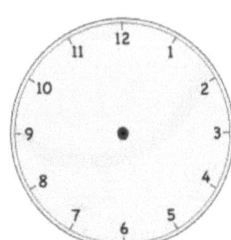

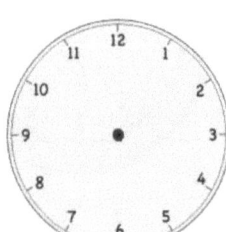

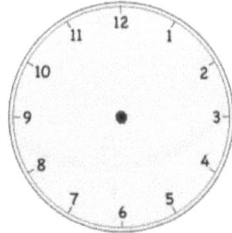

264 Դաս 13. Պարզեք շրջանաձև ժամացույցի կեսերը և ասեք ժամը՝ կես ժամի ճշգրտությամբ EUREKA MATH

Անուն ______________________________ Ամսաթիվ ______________

1. Շրջանակի մեջ վերցրեք այն ժամը կամ ժամերը, որոնք ցույց են տալիս 3 անց կես:

a.

b.

c.

2. Գրեք ժամը կամ նկարեք սլաքները ժամացույցների վրա:

a.

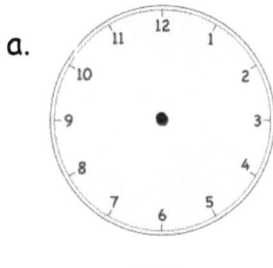

4:30

b.

____

c.

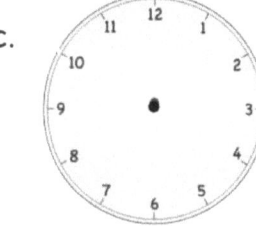

ժամը 9-ը

1
3

3

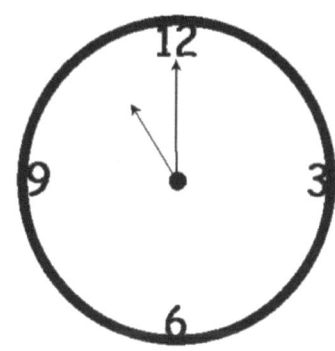

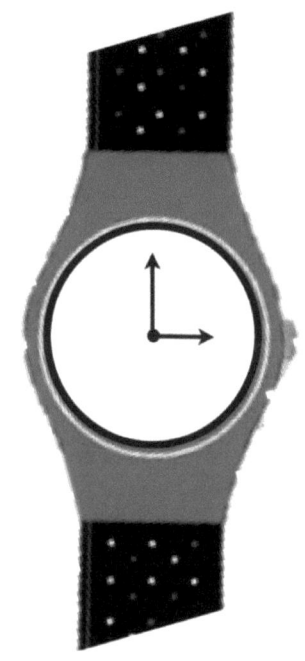

ժամացույցի պատկերներ

Դաս 13. Պարզեք շրջանաձև ժամացույցի կեսերը և ասեք ժամը՝ կես ժամի ճշգրտությամբ

Հավաստագիր

Great Minds® ն ամեն ջանք գործադրել է հեղինակային իրավունքով պաշտպանված բոլոր նյութերի վերատպման թույլտվությունը ստանալու համար։ Եթե հեղինակային իրավունքով պաշտպանված սույն նյութում որևէ սեփականատեր նշված չէ, խնդրում ենք կապ հաստատել «Great Minds»-ի հետ՝ այս մոդուլի հետագա բոլոր հրատարակված և վերատպված տարբերակները պատշաճ կերպով հաստատելու համար։

Printed by Libri Plureos GmbH in Hamburg,
Germany

9 781649 291592